편의점에 간
멍청한 경제학자

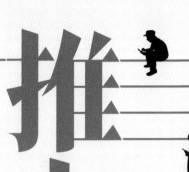

행동경제학으로 바라본
비합리적 선택의 비밀

高錫均 고석균——著
宋佩芬、賴姵瑜——譯

推力行銷

從超商到電影院都適用，
靠行為經濟學讓人做出你要的選擇！

目錄
CONTENTS

II 解開認知的祕密

III 從大賣場到電影院的日常推力

推薦序

行銷人該看，剁手族更必須看的勸敗教戰手冊

行銷武士道顧問總監／許朝陽（小嚕）

看完《推力行銷》後，我真覺得此書不該出版，因為揭露太多如何誘發消費者購物，甚至不小心買太多的行銷祕密。

探討行銷問題時，我們有時會提到「推式策略」跟「拉式策略」，但與一般提及推播行銷不同，推力行銷並非單純將行銷訊息推送到顧客眼前，而是嘗試利用消費者普遍不理性來誘發購買行為產生，或是將購買決策導向企業所希望的結果。

很多時候消費者都覺得自己在聰明消費，但事實上卻陷入不理性的購物盲點中，這正是推力行銷的主要內涵。書中舉了相當多類似下列對比案例：

A：扣繳過多稅金可獲得兩萬元退稅。
B：所得申報後額外追繳兩萬元稅金。

A：使用折扣券購買優惠商品。
B：錯過折扣券時間錯失優惠。

上述兩個情境，你覺得分別是何種損失較多呢？或許你正屬於容易因為非理性思考而做出購物決策那種人。而在《推力行銷》這本書，作者高錫均就舉了相當多如何利用稟賦效應、從眾行為、自利偏差等常見於消費心理學論述當中之心智策略，跟大家探討「推力行銷」如何發揮作用。

小至一張傳單、餐廳菜單設計，大到賣場動線規劃、週年慶方案擬定，都可能存在「推力行銷」發揮作用的節點，而如何讓推力啟動之做法都寫在這本書中。

這本書，不單單只有行銷企劃人員該讀，作為一名時常不小心剁手敗家的消費者，更該了解自己為什麼總是默默就做出「非理性」購買決策。

用推力（nudge）推動所有人，做出你想要的行為！

二〇一七年，瑞典皇家科學院諾貝爾委員會把諾貝爾經濟學獎，頒發給美國經濟學家兼芝加哥大學教授理查・塞勒（Richard H. Thaler）。理查・塞勒是長期被主流經濟學視為「怪胎」或「叛逆分子」的行為經濟學權威，他獲得諾貝爾經濟學獎一事給經濟學界帶來巨大震撼，這也成了行為經濟學進一步攻入主流經濟學的契機。

用行為經濟學，彌補理性選擇無法解決的問題

許多人認為經濟學是始於亞當・斯密（Adam Smith）一七七六年發行的《國富論》（*The Wealth of Nations*）。亞當・斯密主張一隻「看

不見的手」在操控經濟，各經濟主體在追求各自的效用或利益極大化時，會自然地達到最佳化。可是，亞當・斯密在一七五九年出版的著作《道德情操論》（*The Theory of Moral Sentiments*）中談到，人們不會只追求自我的利益，其實也存在著同情心、利他、善意等情緒。從這裡我們可以知道，行為經濟學並非排斥主流經濟學，反而是試著解釋主流經濟學無法合理說明或是不理性選擇等的問題。本書將會試著探討主流經濟學和行為經濟學的差異。

假設新上市的泡麵價格是一千韓幣（約為新台幣二十七元）。如果依照以理性為基礎的主流經濟學理論來看，這款泡麵的需求增加時，價格也會自然地調漲。但是，如果你向一般人詢問，將上漲的這款泡麵賣給窮人的行為是否公平時，通常會有超過五〇%的人回答不公平。公平與理性其實也可能像這樣無法同時並存。公平與理性當然也有並存的情況，但一般可稱為「經濟人」（homo economicus）[1]的人、企業或政府，根據經濟學做出的選擇卻經常不是正確的，而行為經濟學正是去處理主流經濟學不碰的、非理性的人類心理相關內容。

有限理性，讓我們經常被相對錯覺欺騙

韓國年底結算制度[2]，是在年末時再次審核該年度裡所繳的薪資所得稅，如果繳交了比實際所得更多的稅，那麼被扣繳的稅會退回來；如果繳交的比實際所得少的話，還要再追繳稅金。實際上，年底結算也有很多可以用行為經濟學解釋的東西。假設我可以拿回二百萬韓幣（約為新台幣五萬四千元）的退稅，這裡退稅的意思是先前已經繳交超過的稅金了，算是無利息借錢給政府。如果利率是三％，二百萬韓幣的年平均餘額[3]是一百萬韓幣（約為新台幣二萬七千元）的話，等於少了三萬韓

幣（約為新台幣八百一十元）的利息所得。反過來的情形就是必須追繳二百萬韓幣稅金的人，等於獲得了三萬韓幣的利息所得[4]。所以，收到稅金炸彈的人請收到退稅的人一餐是合理的。如果你很難接受這件事的話，那是因為我們太習慣不理性的思考。更有趣的是，當收到退回的稅金時，人們會認為自己撿到便宜了，便會盡情花掉這筆錢，實際上那些都是自己賺的錢。為什麼會這樣呢？因為人類的行為比我們想的要更加「不理性」。

---

1 譯注：又稱作「經濟人假設」，即假定人的思考和行為都很理性，唯一試圖獲得的經濟好處就是物質性補償的最大化。這常用作經濟學和某些心理學分析的基本假設。

2 譯注：韓國年底結算制度是指上班族（每月有領薪資單的勞工）在年末或年初時計算過去一年的消費與薪資所得，並於二月報稅。平時消費多的話，退稅就多，現金消費只要有留單據就可以上網填報。除此之外的自營業者、其他個人企業則是於五月報稅。

3 譯注：假設你戶頭有五萬元，然後每天都沒有花到，那這個月的平均餘額就是五萬元。可是如果你這個月有十天戶頭是四萬元的話，(50,000*20 + 40,000*10)/30 = 46,666，月平均餘額就是四萬六千六百六十六。

4 譯注：這裡可能看似很不合理，但如果作者的意思是指那兩百萬拿去放銀行賺利息的話，那其實是比退稅的人要賺到更多。

標準的市場經濟學裡描述的人類，是在經濟上保持理性的人類，即「經濟人」。這詞是指人類在不受到倫理道德、宗教等外在環境影響下，單純地根據利己動機做出理性行為。這邊提到的理性是指人類在做出經濟選擇時，會準確地計算帶給自己的利益以及必須支付的成本等等，之後再去行動。例如要購買某件商品的時候，消費者會蒐集該商品的所有資訊，藉此比較購買該商品後獲得的利益和價格，前者大於後者的話，他們就會購買。

如果當必須在各家商品中購買其中一件時，消費者會在計算每件商品的淨利益（利益減去價格）後，購買淨利益最高的商品，這才是理性的經濟人。像這樣主流經濟學假設的人類懂得準確計算自己的利益與付出，經濟動機以外的倫理、宗教、心理上的外在動機等不適用於經濟行為上。

但是，行為經濟學透過許多實際證據，反駁了人類可在不受外在影響下藉由完美資訊來擴大個人的淨利益。一般來說，行為經濟學裡的人類與主流經濟學假設的人類不一樣，他們主張人類並不完全理性，也無法完全地理解自我。因為人類無法蒐集完美的資訊，個人的計算能力也有限。也就是人類不可能成為電腦，只能擁有「有限理性」而已。他們與主流經濟學講的不同，我們無法理性行動的原因在於人類依賴心理的外在動機（extrinsic motivation），並做出經濟行為。

接著我們試著比較下面兩張圖。位於兩圖中心的「甲」圓與「乙」圓之中，哪一個看起來更大呢？看起來好像「甲」圓比「乙」圓更大。其實這正是典型的錯覺現象之一，事實上兩個圓的大小一模一樣，只是因為周遭圓形的大小不一，而讓它們看起來大小不同。

被小圓包圍的「甲」比被大圓包圍的「乙」看起來更大，這說明了人類心理的相對性。假設「甲」和「乙」是商品，圓的大小是該商品的淨利益時，實際上兩者的淨利益是相同的，可是大部分的人卻會選擇「甲」。

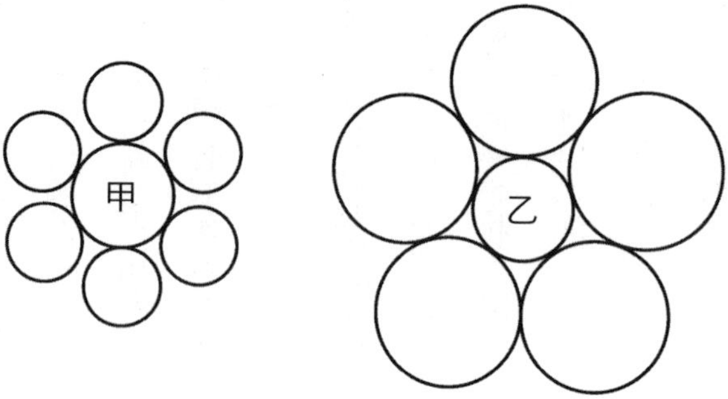

這種商品購買的經濟行為，意味著我們嚴重受到外在環境所影響。

不須用力，也推得動的「推力」

販賣抗菌肥皂的公司舒膚佳（Safeguard）進行了一項「細菌印章」（The Germ Stamp）運動，目標是為了讓生活周遭有太多病源的菲律賓孩子們養成勤洗手習慣，藉此提高他們的衛生水準。每天早上老師會在學生手上蓋上印有細菌圖案的印章，孩子們在放學之前必須把手上的細菌印章洗掉。驚人的是這項運動開始僅一個月，孩子們平均洗手的次數便成長了七一％。

推力的英文單字「nudge」，原意是「用手肘大力去推」，這是指透過某種東西或狀況誘發人們做出特定行為。男廁小便池裡印著的蒼蠅圖就是推力的代表例子。理查・塞勒教授在自己的著作《推出你的影響力》（*Nudge*）中強調：「最好的介入就是在不大幅變動金錢誘因的情況下，讓人們不用特地做出選擇，就能朝著我們預期的可能方向前進。」

將推力運用在政策上的案例也意外地多。像是美國明尼蘇達州為了鼓勵人民繳納稅金，在繳稅通知書上寫著「已經有九〇％以上的居民繳納稅金了」，來取代原本「請繳納稅金」的強硬文句，成功促使人民踴躍參與納稅。這種策略大部分都會出現成效，也會成為社會熱門話題。

利誘消費的推力登場：超越手帳的Moleskine

誘導人們行為的推力在策劃行銷策略上占有重要的地位，因為引誘消費者自然做出選擇比強求消費者購買更能增加銷量。一旦將推力套用在行銷上時，原本赤裸裸的行銷資訊便會消失，接著產生一些能自然引誘消費者行為的因素，並出現讓顧客主動購買商品的效果。

推力的成功例子之中，「Moleskine」可以算是最具代表性的。因為數位化趨勢導致手帳使用人數減少，也一度使Moleskine走向沒落。Moleskine為了改變消費者的行為，決定改變手帳的架構。他們向消費者介紹Moleskine的商品不是單純的手帳，而是「空白的書」。它不是單純作為備忘錄的手冊，而是能記錄下自己的點子與想法。他們改變了手帳的用途，藉由填滿手帳內所有空間的方式，讓人可以製作成一本書。而那些未能感受到手帳必要性的消費者們，透過這個小變化扭轉了對手帳的認知，Moleskine的手帳也再次獲得了消費者的喜愛。我們可以透過這些成功案例發現融入在我們生活當中的各種推力。

在日常中製造各種推力

撰寫本書的好奇心，是始於「看起來沒什麼的賣場商品排列，卻也有著引誘人消費的某種效果不是嗎？」這樣的想法。我一開始寫文章的時候，也遭受許多莫名的批評，但是我依然秉持著要矯正錯誤、學習新知的心繼續寫下去，而我的文章也讓我產生了自豪。為了寫下這本書，我查了許多資料，有時甚至親自跑一趟現場，為了調查融入在我們生活之中的推力，也因此能深入了解到我們日常生活中蘊藏著許多的推力。

本書探討我們的日常生活埋藏著怎樣的推力，並試著具體了解它們靠什麼功能來引誘我們消費，企業又是如何神不知鬼不覺地利用推力促使消費者購買。如果我們能知道自己因為推力而做出什麼特定行為的話，我相信大家看待世界的角度能稍微變得寬廣一點。

I

刺激消費心理的弱點

01 抗拒不了的稀少性：「現在不買就虧大了！」

為什麼外帶咖啡可以打折？

午餐時間我吃了一頓美味的料理，在一邊摸著自己的肚子，一邊走回辦公室的路上，看到了一家咖啡店的布條寫著：「外帶美式咖啡可打折二千韓幣」（約為新台幣五十四元）。我想著「乾脆來一杯咖啡好了」，卻在踏進咖啡店後發現早已大排長龍。其實一看到布條時，我的腦中便已想到美式咖啡的卡路里比碳酸飲料要來得低很多，並且判斷出對於正在減肥的我而言，一杯咖啡會比一杯碳酸飲料更好，所以我也不知不覺地帶一杯美式咖啡走回辦公室了，還非常滿意地想著：「咖啡一杯便宜兩千韓幣的話，真的是相當划算……。」

對上班族來說，午餐時間的咖啡像是無法拆散的朋友，甚至現在看到有人沒拿著咖啡回到辦公室的話，會覺得不太對勁。可是，我們為什麼一定要買咖啡呢？因為外帶咖啡裡有引誘人購買的「推力」存在。

那麼我們踏進咖啡店的原因是什麼呢？只是單純為了喝咖啡嗎？下頁的統計圖證明了我們踏進咖啡店的原因不只是為了喝咖啡。

統計中，咖啡的「味道」在人們挑選咖啡店的因素裡占了很大的比例，除此之外，人們還會考慮咖啡店的地段、價格、店內氣氛等各種因素。也就是說，就算咖啡好喝的店很遠，我們也不太會前去光顧。在決定要去哪間咖啡店時，比起品嘗咖啡的真正味道，我們更重視商圈所在、移動路線、氣氛等，因為我們深受網友上傳到Instagram、臉書等知名社交網站的主觀照片所影響。換言之，與過去我們依照自己的經驗、實用性為標準來選擇的方式不同，現在人們是將Instagram、臉書等社交網站上分享出來的感性風格當作選擇標準。

挑選咖啡專賣店時主要考量的因素

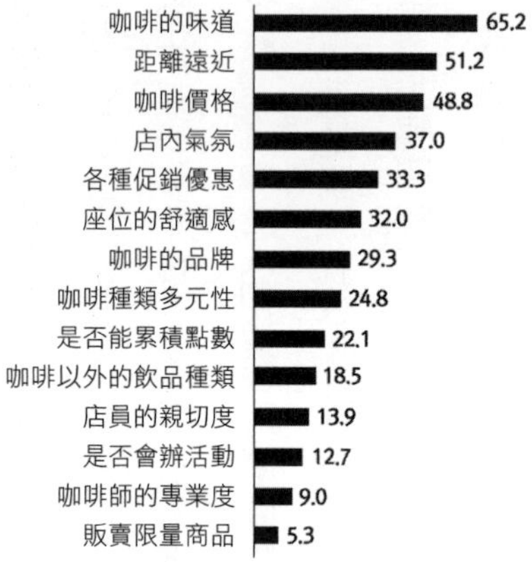

資料來源：trendmonitor，咖啡專賣店及居家享用咖啡的資料調查，二〇一七

現在的咖啡不是單純的下午茶，而成了我們日常中的一部分，且是能激發人類感性的一種「文化」。可是從咖啡店的立場來看，一味追隨人們喜好的變化有很高的風險。上班族或學生大多是因為在意周遭眼光而跟風買咖啡，或是吃完午餐利用剩餘時間到附近的小咖啡店買杯咖啡，而不是為了

享受自己的喜好。其實巷弄的質感咖啡店與上班族密集的商圈咖啡店相比，從販賣的商品到行銷制度都有非常大的差異。因為咖啡店整體是依據所在商圈為基礎，所以咖啡店的經營者都為了營運策略而陷入苦惱。

對咖啡店來說最重要的是什麼呢？最重要的是多賣一杯就能增加收入。再說一次，同個時段相比下，能提高更多銷量才是最重要的。讓顧客主動來喝更多咖啡才能培養出常客，並且可以讓更多人知道自家商品與服務，這才是最實際又最好的方法之一。

然而，咖啡店店長們又開始煩惱了。為了提高銷量，我應該要提高咖啡豆品質嗎？要把店內裝潢弄得更漂亮嗎？要再增加飲品類型來迎合顧客的喜好嗎？這全都是很好的方法，但是要在短時間內達到最高銷量的目標的話，這樣還不太夠。因為提高了咖啡豆品質、飲品變得很多樣化，顧客並不會感受到有什麼特別的差異。

舉個例子，就像我們在買牛奶時，沒人會特別留意其中的生乳比例或是添加的化學成分。如果不是有在關注咖啡豆品質且會親自確認的人，實際上一般都很難辨別出咖啡豆的細微差異。此外，即使準備再多樣的飲品，其實放棄常在喝的飲料，選擇挑戰新口味的人並不是很多。所以有不少咖啡店製造出可以在短時間內吸引許多人上門的「推力」並廣為宣傳，也成為了市場行銷策略之一。這種企業策略反映出人們需要快速買到咖啡的需求，在店家的立場上也是可以快速達到銷售目標的方法。那這方法是什麼呢？

他們為了提高咖啡店在午餐時間的銷售，所選擇的方法正是改變「容器」。咖啡店的最大問題之一是，人們踏入咖啡店的目的不是為了喝咖啡，而是為了和別人聊天或是享受休息時間。與其他餐飲業不同，顧客的目標不在於「食物」，而是將飲食當作媒介來滿足自己其他的欲望。因此，為了提高咖啡店的銷售，經營者必須攻略「想喝咖啡但是沒錢或是沒時間的人們」，所以使用了象徵價格便宜的紙杯、隔熱紙杯套與塑膠杯架，來取代原本使用馬克杯享用咖啡的服務。咖啡店也可以把處理垃圾的事務轉移到外帶飲料的顧客身上，這對咖啡店來說是一舉兩得的最佳辦法。

裝在紙杯的咖啡會比裝在馬克杯的咖啡更有氣氛嗎？並不會，要從上了膠膜的圓形紙杯中聞到濃厚的香味並不容易，我們試著想像一下，將紅酒倒在紅酒杯和倒在紙杯裡，就能感受到其中的差別了。雖然無法感受到喝咖啡的氣氛，但是使用喝完即丟的一次性容器的話，能給人們帶來「可以在短時間內買來喝」的認知，對上班族、學生來說正恰到好處。簡言之，推力就是使用便宜的杯子，並讓人們在購買過程中感覺到輕盈、便宜與方便。

此外，咖啡店老闆們也推出了「外帶優惠」的制度，儘管投資一個優惠制度要花很多錢，但是不用改變咖啡品質和店內設計，同樣也能吸引人們購買咖啡。他們為了讓外帶優惠制度有效地運作，會明確標上可以打折的特定「時段」。因為特定時段內打折比起一整天都打折更能有效吸引人們做出購買行為。可是，為什麼設定特定時段會讓更多人湧入呢？

限定時間或限定數量是完全依據經濟學原理之一的「稀少性」（scarcity）原理。稀少性是指人類欲望無窮無盡，卻因為時間與金錢不夠，所以在無法滿足欲望的情況下，商品或服務的價值會上漲；如果供不應求時，這些東西的價值會更加上漲。

當提到以下兩個例子時，人們會怎麼想呢？

A：限十二點到十三點　美式咖啡一千五百韓幣（約為新台幣四十元）

B：當日美式咖啡一千五百韓幣（約為新台幣四十元）

單純看到這兩句話時，人們會認為B的生意更好，因為無論何時都可以喝到便宜的咖啡，顧客購買的阻力應該比別家更低。其實人類並非如此理性，反而經常依據「稀少性」來做判斷。如果你在十二點左右時看到A文宣，可能會一邊想著：「現在不買的話就虧了啊！」一邊去排隊。但是當你看到B文宣時，它可能會讓你覺得：「那我等下再來買就好了」。實際上客人在看到A文宣後做出購買行為的機率會比B高，雖然擁有相同條件，但是有沒有稀少性的差異會改變人們做出選擇的標準。稀少性原則是在實際行銷及流通策略上引誘人們購買的角色。

現在可能有些讀者一邊看著這本書，一邊認同地說：「啊！我中午的時候也買了杯咖啡。」雖然你可能會覺得「好在我買到便宜的了」，但是買到便宜咖啡的相反意思不是買到貴的咖啡，而是乾脆不買咖啡，或是以喝水來取代咖啡，又或是打瞌睡時去洗把臉就好了。我們賦予了買到便宜咖啡等於「賺到優惠」的含義，實際上做出的行為仍然是「消費」。總言之，最重要的是我們必須從中領悟到自己做出了消費行為，購買外帶咖啡「雖然會讓自己看起來好像過得不錯」，事實上可能是購買了不必要的商品或服務。

好好環顧周遭的話，你會發現生活裡充滿許多強調你正在聰明消費的文句。打折文宣就是最好的例子，外帶咖啡的優惠也有著如此精密計算的推力。喝咖啡當然沒有問題，可是一旦養成習慣，就會讓你付出更多的金錢了。

「今日優惠」的祕密

我好像患了選擇障礙症一樣，經常一到午餐時間就要煩惱很久到底要吃什麼。吃辣炒豬肉飯嗎？還是紫菜包飯？泡麵？這個營養不均衡，那個好像會胖，在不知道該吃什麼的情況下，我發現了當日午餐促銷的招牌。那家餐廳以低廉的價格提供平時人們吃不太到的食物來做優惠活動，對正好不知要吃什麼的我來說真是太好了，我決定選擇當日優惠的料理，並踏入了餐廳。

大家應該都有不知道午餐要吃什麼時，乾脆往有打折的餐廳走去的經驗，甚至是被當日優惠的商品吸引而進到那家店裡，最後買下了原本沒有要買的商品。實際上每個人都有自己的喜好，喜歡的食物、飲料和生活風格全都不一樣。可是，為什麼在那瞬間每個人的喜好會融合為一，趨於一致呢？為什麼大家不會按照身體喜好去吃，而是選擇「店家決定的料理」呢？

其實，今日優惠和限定時間都是依照經濟學「稀少性」原理而設計的。即使是同樣的商品和服務，只要一限定時間購買，就會因為時間有限而產生稀有價值。人們在看到限定時間時，會因為「今天不買的話，過了這時間就買不到了」的想法，而賦予商品和服務特別的價格，並做出購買行為。限定時間的意義不只有稀少性，當業者為特定商品或服務限定時間的時候，我們會更加留意這些東西的現在價值，而不是未來的價值。簡單來說，一旦做出限定時間的措施，我們賦予現在消費東西的價值，會比未來消費東西的價值稍微高一點。

一九八一年，美國經濟學家理查・塞勒做了一項讓受測者選擇「現在拿十五美元或未來拿三十美元」的實驗。另外，他還要受測者寫下自己認為現在的十五美元在一個月後、一年後、十年後值多少價值。

從實驗結果中可得知，受測者平均認為一個月後的價值是二十美元，也就是比現在的十五美元要多出五美元，而一年後是五十美元，十年後是一百美元。換句話說，本金加上十年後的利息，再加上可能要負責的風險費用，十五美元的價值在十年後大約會增加七倍。因此，比起未來再拿三十美元，人們更會傾向現在就拿十五美元。結論就是，這場實驗可以看出現有的價值隨著時間增長，人們會將它的未來價值估算得越高。

為什麼人們比起未來，更看重現在的價值呢？原因在於人類擁有「不確定性規避」（uncertainty avoidance）的傾向，我們如此複雜地計算未來價值，是因為我們不確定未來。像是我不能馬上知道明天我會發生什麼事情一樣——不對，是我現在也不知道一個小時後會經歷什麼事，所以我現在手裡的十五美元可能某一天突然價值暴跌，跌到一美元都不值（當然也可能出現相反的情況）。在這種情況下人們不會先思考未來的價值，反而會想現在馬上拿到錢，迴避之後可能會失去其價值的風險。簡言之，不是我們急性子，而是因為未來的不確定性，所以選擇了現在。

因此，限定時間會讓消費者比較該商品未來與現在的價值，在衡量出自己能從中獲得確定價值的瞬間，當下就會做出消費行為。舉例來說，當要人們選擇購買一個月後優惠的商品或是現在優惠的商品時，人們會選擇購買現在優惠的商品，因為現在不買的話，一個月後那家公司可能會倒閉，或是有取消優惠活動的風險。

今日優惠制度讓人不再去思考「明天賺了錢再買」的想法，它的推力正是引誘人們在時間流逝前馬上購買，像這種推力最常運用於餐廳或會員累積點數優惠制度上。今日優惠制度會讓消費者認為，今天不買的話「還要再等上一個禮拜」，接著主動比較現在買這商品的價值與未來不確定的價值，最後誘導他們覺得現在購買才是正確的決定。人們在看到這種行銷文宣時，即使那商品不是自己急需的東西，也會為了迴避錯過良機的風險而選擇消費。

今日優惠雖然是告訴你「這東西只有今天打折」，但是實際上等於在說「你可能錯過這機會的時間不到一天了」。讓消費者焦慮，是一種有很高機率能成功誘發他們做出購買行為的方法。現在假設你走在街上，看到了每天提供不同優惠料理的布條或文宣，接著決定要在這家餐廳用餐，那麼你選擇購買「今日優惠」料理的可能性會大於其他料理，因為優惠料理的價格與其他便宜的料理價格差不多或是更低。

假設你到了一家中華料理店，點了今天的招牌「三鮮燴飯」：

A：三鮮燴飯，八千韓幣（約為新台幣二百一十六元）→優惠價六千韓幣（約為新台幣一百六十二元）

B：炸醬麵，四千韓幣（約為新台幣一百零八元）

C：四川炸醬飯，八千韓幣（約為新台幣二百一十六元）

人們在比較A和B時，多數會選擇A。雖然B比A的價格要便宜，但是A選項包含了打折二千韓幣（約為新台幣五十四元）的魅力。人們不是依據絕對價格而進行消費，而是傾向比較過後，再往自己更滿意的方向消費。因此在只有A和B的選項時，大部分的人會選擇A。

當比較A和C時，人們果然還是選擇A。三鮮燴飯與四川炸醬飯的定價都一樣，可是那天實際上要支付的價格裡，三鮮燴飯要便宜二千韓幣，因為相比之下人們可以感受到省錢的滿足感，所以多數人會選擇

A。像這樣店家在固定的日子推薦特定的商品，大部分的人可能會因為比較過後的滿足感而選擇店家推薦的商品，而企業也能吸引更多人購買他們企圖推銷的商品或服務。

我們總是認為自己很聰明，當因為打折二千韓幣而認定自己買到比原價更便宜的商品時、當領到優惠券要去結帳時，我們會認為自己是很會在資訊大海中靈活運用資訊的人。但是我們有必要重新思考一下，這或許是賣家所做的「選擇設計」，導致我們購買了一開始沒有要買的東西，還對這次消費感到滿意。

當你認為自己聰明消費時，賣家其實很有可能一邊強調你正在聰明消費，一邊推銷其他優惠商品，並繼續給你點數，這些都會促使人們持續回頭拜訪。請再一次回過頭去思考，你自認為聰明消費的想法，是不是別人一味灌輸給你的呢？

02

因他人的意見左右選擇：「不管他嗑了什麼，都給我來一點」

地下商店街的變化是有原因的

在地下街裡，有很多人正朝地鐵方向前進或是往公車站牌走去，結束了辛勞的一天，踏著愉悅的步伐回家，而這時迎接他們的正是地下街裡無數個商店，陳列在店前的各式各樣衣服與華麗商品吸引著路過的人們。

生活在都市的人，必定都曾經路過地下商店街。以前灰暗不明亮的地下商店街，現在的定位變成了一種文化空間。當你踏入地下商店街時，可以看到許多店家掛著一大堆沒有品牌又很吸睛的便宜衣服。可是，後來當你回想起這些沒有品牌的衣服時，又會突然好奇自己為什麼要在地下街買東西。難道地下商店街裡也有我們不知道的「推力」？

儘管男人與女人在同片天空下誕生，實際上卻是非常不同的生命體。尤其是在購物上，男人與女人有著極大的明顯差異。比起男人，女人花在購物的時間是壓倒性之高，消費金額也是最多的。如此差異究竟是怎麼出現的呢？這是因為男人與女人對於商品和服務的整體認知是不同的。

男人在消費時很重看商品的機能性，簡單來說，他們喜歡買一次就可以用很多次的商品或服務。然而，女人除了機能性，還會綜合考量品牌故事、自己與品牌的接觸經驗、其他細部需求等再進行消費。也就是男人與女人消費時看重的價值不一樣。下列表格是依據男人與女人對商品的興趣與新產品採用度來畫分他們的消費喜好，也就是汰換產品的速度。現在讓我們透過這表格來了解男女對商品的喜好哪裡不一樣。

男性喜歡的商品

對商品的興趣＼新產品採用度	高	低
高	旅行、電影、服裝、餐廳、球鞋、皮夾	背包、健康食品、表演、鞋子、護膚產品、帽子、樂器、飾品、機車、腳踏車、牙齒美白、牙齒矯正、相機、咖啡、護膚店、香水等
低	電視遊戲、筆記型電腦、運動產品、運動服飾、車子、手錶、電腦／手機相關產品、桌上型電腦、智慧型手機	電視、指甲彩繪產品、化妝品、整形、內衣、圍巾、襪子／褲襪、車內裝飾品、書籍、平板電腦、咖啡相關產品、文具、髮飾、護髮產品

女性喜歡的商品

對商品的興趣＼新產品採用度	高	低
高	包包、表演、鞋子、護膚產品、化妝品、飾品、襪子／褲襪、旅行、電影、衣服、餐廳、球鞋、皮夾、牙齒美白、相機、咖啡、護膚店、香水、髮飾、護髮產品	健康食品、帽子、整形、圍巾、手錶、牙齒矯正、咖啡相關產品、文具類
低	指甲彩繪產品、內衣、手機	電視、電視遊戲、筆記型電腦、運動產品、運動服飾、樂器、機車、汽車、車內裝飾品、腳踏車、書、桌上型電腦、電腦／手機相關產品、平板電腦

資料出處：鄭仁熙（音譯），《消費者性別對各類商品的興趣差異與先天創新[5]的相互關係，以及對商品的知覺構造分析》，二〇一五

兩性對商品與服務的認知差異也造就了消費行為的差異。認為機能性很重要的男人，他們感興趣的商品並不多，因為是透過特定標準進行的消費，所以花在購物上的時間很短。但是女人是考量各種價值後才購買商品或服務，因此會花很多時間在購物上，一旦買下去的話會買得比預計還多。許多強調要針對女性顧客進行的宣傳、行銷手法，可以說反映出女人這種消費的習性。

另外，兩性在購物過程上也有所差別。如果購物過程很麻煩的話，男人會中斷消費行為，因為男人看重的是買到東西後的結果，而不是購物的過程，所以男性賣場擺設會盡可能地簡單明瞭。然而，女人則會經常使用「購物車」或「我的收藏」，藥妝店也隨處可以看到購物籃，因為女人的消費模式是仔細地把賣場每個角落都逛到，所以這是為了讓她們在逛賣場時把籃子填滿後付錢購買的策略。女人有喜歡的東西時不會馬上買，她們光是把喜歡的東西放在購物車裡就很滿足，或是要仔細比價後才會購買。

以前韓國地下商店街是「開通手機」的重鎮，幫客人開通手機的代理店比服飾店要來得非常多。但是為了開通手機而特別踏入地下商店街的人並不多，地下街商圈也自然而然地沒落了，原因出在他們未能正確掌握顧客的消費模式。

地下商店街的自治會在苦惱許久之後，決定轉換商圈活化的方向，將重心放在其他商店而非手機店。可是，這裡有一個很重要的問題，那就是——應該要賣什麼呢？有些人建議賣些簡單的小吃，因為位於流動人口多的地方，會有很多人想找到平價方便的地方用餐。但是餐飲業大多需要使用到火，潛藏著發生火災的風險，食物味道也不太容易散去。

---

5 innate innovativeness，為個人的人格特質，消費者在購買新產品之前並沒有購買過相關產品的經驗，此類消費者屬於天生比較樂於嘗試新鮮事物、並且追求刺激，並不太喜歡跟其他社會成員一樣。引用論文：http://gebrc.nccu.edu.tw/jim/pdf/2201/JIM-2201-01-fullpaper.pdf

也有人提議賣飾品和辦公用具，但是地下街給人的印象幾乎是缺乏採光又老派的感覺，與地面上的商店街印象不同，所以就有人認為不太會有人想來地下街買昂貴的飾品，也不會有人想來賣浪漫的求婚戒指、金子與銀子。

總而言之，最後的結論是必須設置很多女性喜歡的商品，因為女人逗留在賣場的時間比男人多非常多，也與只買需要的東西的男人不一樣，她們會比較各種商品和服務後做出最理想的消費。因此自治會認為如果將目標鎖定在女性身上的話，就可以活化地下街了。自治會把手機店收起來，盡可能設立很多賣鞋子、衣服、飾品等時尚商品的店鋪，裝潢也改成讓人感到舒服的氛圍，藉此吸引更多女性踏入賣場。結果地下街商圈比過去變得要更熱鬧了，可是這時又出現另一個問題——吸引女性踏入賣場後，賣場內也必須維持能隱約刺激顧客踏入的誘因，而解決方法就是使用從眾效應（bandwagon effect）的推力。

用從眾效應吸引人停下腳步

所謂的從眾效應是指自己受到群體的壓力，而改變自我態度與行為的現象，除了特別的情況之外，一個人大致上會歸屬於國家、階層、同好會、家族等各式各樣的群體內。大多人的行為受到群體內人們的相互影響，當群體的行為與自己的行為起衝突時，自己會進行行為修正。其中從眾效應的代表實驗是所羅門・阿希（Solomon Asch）做的「阿希從眾實驗」。

實驗裡，受測者們在拿到畫有一條線的紙後，會再拿到另一張紙上畫了三條不同長度的線，接著要他們從三條線中選出與第一張同樣長度的線，並且是在七名受測者聚在一起的情況下做出選擇。實驗方式是除了一名受測者以外，其餘六名都是協助實驗的助手，他們會故意先講出錯誤答案，並讓真正的受測者排在最後一位回答。而從實驗結果中我們可以確定，當受測者獨自一人回答時正確率是九九％；而在群體的情況下，正確率會減少三六％，跌至六三％。可是實驗團隊中途也沒有偷換紙，為什麼正確率會出現這麼劇烈的縮減呢？其實這和實驗裡六個人說錯答案的社會行為有關。

受測者看到說錯答案的六個人時，心裡會想：「喔？他說的好像是對的……所以我是錯的嗎？」在經歷內心糾結後，受測者不會選擇正確答

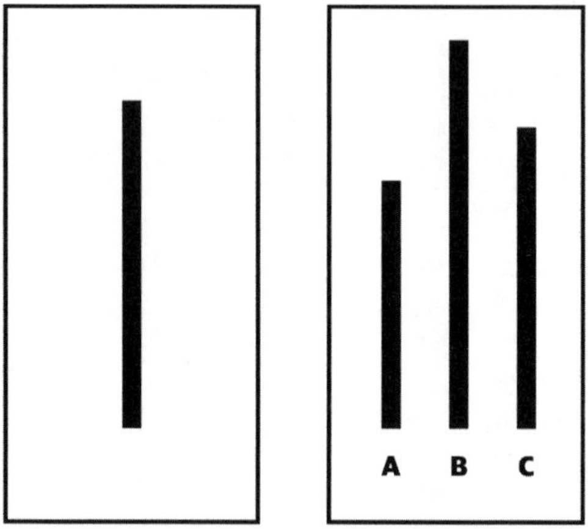

案，而是會選擇六個人回答的答案。也就是受測者會被其他人的答案影響，選擇與自己想法相反的答案。阿希之後也透過後續實驗證實了，在只有一個人或兩個人的情況下不會發生從眾效應，但是當有三名助手的時候會強烈地發生從眾效應。這就是以從眾效應為基礎的「三人法則」。

三人法則是指三名以上的人做出同樣行為時，其他人也會跟著做出同樣行為。比如同時有三名以上的人在看天空時，人們也會不自覺地抬起頭去確認天上有什麼。因為人類是受社會環境與社會潮流影響的社會性動物，所以會跟著其他人做出同樣動作。換言之，當看到一堆人聚集在一起時，人們會好奇這裡發生了什麼事，也會紛紛圍過來，因為我們是社會性動物，所以想要「跟隨」其他人。

如果當店家外面依據三人法則站著三名以上的人時，其他人會受到影響而開始關注該店家。地下商店街就是考量到這點，建立了讓兩到三名顧客站在店家外的推力策略。

為了讓顧客站在店家外，服飾店會挑出漂亮的衣服陳列在外，之後再標上折扣或是不會讓人感到壓力的價格。被漂亮衣服與折扣吸引的人們會自然地在店家外駐足，而其他經過地下街的人看到這場景時，也會朝店家走去。這推力策略就是最少要留住三個人站在店家外，藉此吸引更多人進到店家裡挑東西。因為這個因素，所以地下街賣的便宜衣服不會放在店家內部，而會陳列在店家外。接著會產生一條動線，習慣詳細檢查衣服的女性顧客在看完外面陳列的衣服後，便會走進店家尋找其他更適合自己的衣服。當地下商店街利用三人法則獲得了成功後，他們也為了能販賣「昂貴商品」而計畫另一個策略。

一、最貴又最漂亮的衣服放店內

雖然用低價的衣服吸引到不少顧客，但是對店家來說，其他衣服也一起賣出去的話會更有利。因此最貴又最漂亮的衣服會依照賣場裡的動線，安排在櫃檯前或是放在最角落的位置，以此引誘顧客盡可能地瀏覽店家內的許多衣服。

二、沒有標價

地下街的服飾店只有將放在外面吸引人的衣服標上價格，而店內的衣服卻不標價。因為人們光是看到昂貴的價格就難以產生消費念頭，所以為了降低這情況並吸引顧客購買，許多店家會把標價拿掉，或是讓顧客很難找到標價。

店家如此運用從眾策略的結果是，吸引到了更多人踏入地下街商圈及購買商品。

人類是社會性動物，被他人行為吸引就像是無法克制的本能一樣，即使如此，跟隨社會潮流不代表可以拋棄自己的理性或想法。任何人都可能跟隨其他人的想法，重要的是在做出消費行為前必須了解一點：適合別人的衣服不一定適合自己，別人買不代表自己也必須要買。被吸引當然沒問題，但是不能被其他人牽著鼻子走。

讓人排隊的先到先贏活動

如果你成了先到先贏的得主之一，真的是因為你運氣好嗎？如果你真的那麼想的話，那真的是很大的錯覺。我們必須了解，許多企業舉辦先到先贏的優惠活動，不代表他們真的那麼大手筆想放送優惠給顧客。市場上，不論線上或線下都會舉辦先到先贏優惠活動，一旦舉辦的話，線下會有很多人排隊，線上則會有很多人為了搶先參加而不斷地點擊滑鼠。如果有一家炸雞店新開張，且辦了「前一百名折扣五〇％」的活動，這時我們看到人們為了得到優惠而排隊的話，也會自然而然地跟在後面。這難道不也是利用人類心理的推力嗎？

先到先贏像是一種賽跑，所有人都是競爭者，你必須跑贏這場比賽，按照順序到達終點的前幾名可以獲得某些優惠。這是一個家庭背景、財力、社會勢力等外在因素全部被排除，只有最快到達目標的人才能得到商品或服務的獨特制度。因此，快速達到目標的「能力」成了最重要的因素，這也可以說是先到先贏的魅力。

我們為什麼如此著迷於先到先贏呢？我想原因是它完全排除了「外在因素」。先到先贏是人們「按照先後順序」排隊，即使是能力很強、錢很多的人，在活動中也會被除去這些外在因素，一切的重點全在於誰最快排到隊。而排除了外在因素，只要最快到達目標就行的這一事實也可以減少許多人承擔的風險。可是再深入了解先到先贏制度的話，我們會發現其實裡面仍然存在無法抵擋的外在因素。比如大學生為了搶課，會跑去備有很多高性能電腦的網咖，因為電腦性能多少會影響搶課的速度。當然，這樣的外在因素不會影響先到先贏的整體結果，但是會危害人們對先到先贏制度的信任。

對消費者而言，有先到先贏活動的話，只要快點先去排隊就可以獲得優惠。而企業則是透過先到先贏活動，讓人們更容易接觸到商品或服務並產生關注，再向周遭人散播資訊，也能引誘人們消費到超出優惠以上的金額。因此先到先贏活動的本質是讓人們「排隊」，當路人看到有人在排隊或關注著什麼東西時，即使和自己無關，也會開始好奇眼前的情況。我們偶爾遇到自己喜歡的東西時，反而還會再到處好康逗相報，這就是企業的目的之一。先到先贏活動是為了盡最大的可能製造社會從眾效應，所以企業為了強化「從眾」的效應，而開發了「排隊策略」、「引誘顧客參加的策略」套用在消費者身上。接著我們來了解先到先贏活動是如何進行，實際上企業又藏了什麼推力在其中。

在街上走著時，有時候我們會看到有些人為了拿到免費贈品而大排長龍。看到這麼多人引頸企盼的模樣時，有人通常會直接路過不理，有人覺得這個畫面很有趣，有更多人也會為了拿贈品而跑去排隊。企業為了讓人「跟風去排隊」，會故意把入口做得很窄，讓人們覺得人數比實際還多。那麼，究竟排隊藏有什麼效果呢？

一、讓人情不自禁也想要參加

當群體做出同樣行為時，個人會自然地對社會或群體做出的行為產生好奇並模仿他們。所以看到人們在排隊時，我們會對那樣的情況感到好奇且跟著排隊。這個契機吸引了原本根本沒有排隊意圖的顧客。

二、越等越可惜投資出去的時間

經濟學有一個名詞叫「沉沒成本」（sunk cost），是指已經支付費用，所以不可能回收的成本。人們排隊等待是在消費自己的時間，即使等了非常久的時間才快要輪到自己，人們還是會認為再等一下比放棄排隊更好，而不會選擇離開。另外因為等待了那麼久的時間，所以我必須拿到的東西的價值會再加上等待時間＋實際價格＋稟賦效應（endowment effect：當你擁有一個東西時，會覺得它的價值很高），因此更加不能放棄。

因為排隊策略是在強調先到先贏策略的稀少性價值，所以會特意限制贈品數量，也將進入活動現場的入口做得很窄。這手段不只是運用在先到先贏活動，也會運用在遊樂園、書店結帳櫃台等地方。

然而，網路上利用社會從眾效應的推力更是多到數不清。這裡的變數是線上環境與線下環境不一樣，大家都是獨自在電腦或手機前坐著，看不到別人排隊或是人們聚在一起，所以很難感受到從眾效應。因此企業要另外計畫線上的策略，而這策略正是標記「剩餘數量」。

本來沒要買，也擔心買不到的「剩餘策略」

標記剩餘數量的原因是為了讓消費者感到「焦慮」。如果網站寫著「只剩一百件」，也就是可以免費拿到某種東西的人只有一百人而已，消費者一想到再晚的話，免費的機會可能會溜走，之後自己會感到很可惜，就會不管三七二十一先下手了。另外，當消費者看到許多人都參與時，會讓他們產生「其他人都參加了，我也要參加」的想法。換言之，消費者看到「已參與活動的人數」後會產生信任感，也發揮了參與活動的「社會從眾效應」。「剩沒幾個人」的單純一句話會給我們帶來許多想像，並且鼓吹周遭友人馬上參加活動。

一般先到先贏活動會選在顧客比較少的時間進行，原因是企業絕不能放棄顧客比較少的時段，必須引誘他們繼續消費。因此活動不會選在人多的時間，而是會在人少的時間進行。在進行先到先贏活動時，大部分的人比起研究東西的品質與使用年限，更會被免費與先到先贏兩個詞彙誘惑，接著進到線下實體賣場或線上購物網站參與活動。即使是商品賣不太出去的時段，企業也會想盡辦法打開消費者的皮夾，而消費者則有很大的習性是只要價格便宜，其他的考量都變成次要。

「幾點開售」創造群體期待感

如果說前述案例強調了先到先贏活動，那麼還有另一個案例也是在排除外在因素的情況下，企業可以自然宣傳活動的策略，那就是只標記「開始販售」的方式，我們經常稱呼它為「開售」。開售是適用於大多數歌手演唱會、機票等特定商品或服務的低價銷售，又或是在販售高稀少性商品的一種先到先贏策略。像是大學生每學期開學時的搶課也是屬於開售策略。

很顯然，只標記「開始販售」是針對不用特意宣傳就很有價值的商品，還要防範因外在因素導致影響公平性的情況出現，必須保持顧客購買高稀少性商品的價值。企業一公布開售日期的話，我們主要會有兩大動作，為了搶購而密切關注企業的相關訊息，並在線上或線下分享可以搶到商品的小撇步。其中我們為了搶到商品而上傳文章、分享自己想法的行為，事實上是間接幫企業宣傳商品或服務，促進商品銷售順利。

銷售結束後，有參與搶購的人們主要分成兩大類。一種是搶購成功的群體，另一種是搶購失敗的群體。他們會分享搶購後的心得，無論是感到開心或可惜，都會自然地提到商品。換言之，不管他們搶購成功或失敗，對企業來說最重要的是消費者分享活動後的心得，這可以成為很好的行銷資產，也可以成為宣傳商品的手段之一。因此，光是標記「開始販售」，就能為企業帶來人們口耳相傳的正面效果。

先到先贏策略給我們帶來了明確的啟示。實際上，先到先贏是利用

「給顧客優惠」的美名，讓顧客認為企業佛心大放送，並主動幫他們宣傳，這就是一個用於品牌宣傳的推力策略。企業並沒有懇求我們宣傳品牌，只是隱約傳達出「無論何時你都能成為主角」的訊息，讓消費者主動又自然地幫忙宣傳品牌，使得我們在不知不覺的情況下成了品牌代言人。

03 看相對價格而不是絕對價格：「整個看下來套餐好像最便宜！」

放對位置的價格，看起來就是比較便宜

上班族的「午餐」時間，午餐在韓文裡是寫成「點心」，意指心中暫時畫下句點，自己休息一下的時間。中午十二點一到，一大票上班族便蜂湧而出，像飢餓已久的土狼一樣到處尋找餐廳，大街上可見每間餐廳裡滿滿的人，以及手插在口袋裡到處找午餐吃的人們。這時我發現了一家在賣泡菜鍋的燒烤店，價格只要六千韓幣（約為新台幣一百六十二元），與昂貴的物價相比下很划算。我想它既然是燒烤店，應該會放很多肉在泡菜鍋裡。

燒烤店前掛著「商業午餐泡菜鍋販售中」的布條，不知為何給人一種值得信賴的感覺，價格又很親民，感覺似乎也會很好吃。那麼，為什麼餐廳要販賣商業午餐呢？為什麼我們會被商業午餐誘惑呢？

通常上班族中午並不會吃烤肉，為什麼呢？因為烤肉會產生很重的味道，並沾附在衣服上。上班族一般都會穿著端莊整齊的衣服到公司，如果中午吃烤肉的話，下午工作時會一直散發著烤肉味，讓人感到尷尬。

另外，就算不是吃烤肉，光是午餐吃到幾萬韓幣也是件相當有壓力的事。一般上班族不會每天吃一頓好幾萬韓幣的午餐，把錢花在其他地方的可能性反而比較高。特別是對那些很省錢的小資族來說，更不太會買這麼貴的午餐來吃。

最後一個原因是吃烤肉的時間會花很久，一般公司給員工的午餐時間大約是一小時。如果你和同事們中午要吃烤肉的話，就算訂好了位置、準時到達，但是吃飯的時間還是很有可能會超過。其實考量到這些情形後，中午還傻傻堅持吃烤肉的人並不多。無論是燒烤店、日式料理店等的基本價格都偏高，而晚上才正式營業的餐廳因為基本價格高和客人用餐時間長，所以中午開門做生意也不會賣得很好。餐廳都希望中午營業能吸引很多上班族，創造更多的銷售，最後他們思考其他方向之後找到了這樣的方法，那正是「只在中午賣的食物」。

如果這種食物不是餐廳的主打料理，而是午餐時間人們可以快點吃完、快點離開的食物的話，一定會有更多的人來吃，這模式比只在晚上營業的模式更能提高銷售額。但是，這不代表可以隨便在招牌上寫「本店提供商業午餐」，因為早已經有其他在提供午餐的競爭餐廳存在，不會有餐廳願意看到又出現其他競爭對手。因此餐廳為了能再多增加一位常客，而設計出了三個推力。

當你拜訪一家餐廳時，請好好觀察商業午餐寫在牆上菜單和紙本菜單上的哪個位置。九九%會把提供商業午餐的字樣寫在牆上菜單的最右邊，或是紙本菜單的最下方，因為這是根據你在看菜單時的視線來安排的。

根據使用者經驗（user experience）的研究，人們的視線通常習慣由左至右、由上至下移動。換言之，右邊比左邊更晚看到、下面比上面更晚看到。如果商業午餐寫在最右下角的話，人們在看菜單時會最後一個才看到它。這麼排列的最大原因是為了強調商業午餐「相對上較便宜」的感覺。接著我們透過下列例子來了解人們如何感覺到相對便宜。

A：四千韓幣（約為新台幣一百零八元）／四千韓幣／四千韓幣

B：一萬韓幣（約為新台幣二百七十元）／一萬韓幣／五千韓幣

（約為新台幣一百三十五元）

這是兩家餐廳牆上菜單寫著的料理價格。儘管B的絕對價格更貴，但是人們看到時會認為A的四千韓幣（約為新台幣一百零八元）比B的五千韓幣（約為新台幣一百三十五元）要相對較貴。因為B菜單中一萬韓幣（約為新台幣二百七十元）料理的數字比五千韓幣（約為新台幣一百三十五元）要更大，相較之下五千韓幣反而看起來便宜，即使A的整體價格更低。

提供商業午餐的餐廳大多數是屬於B的情況，也就是菜單上把昂貴的料理排在商業午餐的前面，把商業午餐放在人們視線最後才會看到的地方。像是大部分的燒烤店、日式料理店等昂貴的餐廳，為了讓商業午餐的價格相對上看起來便宜，讓顧客不會覺得貴，並提高他們消費過程的滿意度，進而設計出了這樣的推力策略。

有一家品牌叫「元祖奶奶生菜包豬肉」，他們的生菜包豬肉基本價格大約在三萬韓幣（約為新台幣八百一十元）到五萬韓幣（約為新台幣一千三百五十元）之間，吃這麼一餐的價格壓力相當不小。但是他們賣的六千五百韓幣（約為新台幣一百七十五元）商業午餐，是五萬韓幣的一三％。如果拿上面的四千韓幣到五千韓幣（約為新台幣一百零八到一百三十五元）料理與這六千五百韓幣料理比較的話，我們當然會苦惱是否要選六千五百韓幣（約為新台幣一百七十五元）的料理。但如果是拿生菜包豬肉的基本價格與它的商業午餐比較的話，選擇吃商業午餐反而看起來更理性，儘管與五萬韓幣料理相比有點簡樸，但是能以便宜價格享用一餐。這就是利誘人們比較餐廳基本價格與商業午餐價格後進一步消費的推力策略。

此外，有些餐廳還推出另一種鼓勵顧客點商業午餐的方式：如果顧客點商業午餐的話，可以憑發票到合作的咖啡店換取咖啡優惠。他們與咖啡店合作的原因又是什麼呢？是為了讓顧客看到文宣後惦記著咖啡，並幫顧客把買咖啡的理由合理化，再加上提供優惠會給顧客留下好印象，也能吸引顧客再度光臨。

就算你吃午餐前大腦裡沒有要喝咖啡的計畫，但是當結帳時看到這文宣時，可能還是會產生這樣的想法：「喔？有給咖啡優惠呢！好不容易拿到優惠，就去喝一杯吧！」即使一開始我們沒有把咖啡列入消費名單，但是一看到提供優惠的廣告文宣就會想到咖啡和喝咖啡的感覺，並決定購買儘管不買也可以的咖啡，自然地將買咖啡一事合理化。事實上，你也可以做出把發票丟了[6]、不喝咖啡的選擇。可是能無視這個優惠的消費者其實不多。

商業午餐就是正確利用「相對性」魔法的一個例子。人會認為自己很理性，實際上當企業或其他人對自己施展「相對性」魔法時，渾然不知自己被迷得團團轉。我們是絕對不會理性思考的，即便總是像這樣努力試著理性思考，最後卻會變成不理性思考。不過，如果我們能把這種相對性的驚人力量深深烙印在自己大腦之中的話，就能再稍微聰明一點地進行消費了。

6 譯注：韓國不像台灣的發票等於樂透，所以韓國人通常都不愛拿發票。

04 相信主觀見解而非客觀數據：「反正我是信了！」

一字千金的使用評價

昨晚我偶然逛到一個網路社群，看到一篇文章寫說留下某產品的使用心得後，如果獲選優秀文章還可以得到三十萬韓幣（約為新台幣八千一百元）的獎金。我被這大數目的金額嚇到，便點進徵文網站，發現已經有超過一千人自發性地參與使用心得徵文活動，而且上面還寫著在另一個網站留下使用心得可參加折價券抽獎活動。我心想「寫個使用心得有什麼難的？」便投資了三分鐘左右的時間寫下使用心得。免費拿到折價券的心情真好，就拿去買平常想買的書了。

其實平常仔細找的話，我們可以發現有非常多地方都在舉辦使用心得徵文活動。企業贈送禮物給留下使用心得的人，甚至發送獎金給評為優秀文章的人。究竟企業為何要賭上金額不小的獎金來舉辦使用心得徵文呢？人們為何這麼爽快地寫下使用心得呢？企業舉辦使用心得徵文活動並給得主獎金，這是浪費錢的行為嗎？並不是。企業利用人們寫下的使用心得，引誘更多人看了這些心得後跑來購買，再自發性地寫下使用心得。那麼我們現在試著換成企業的立場來思考一下。為了讓人們自發性寫下使用心得，企業設計了什麼樣的推力呢？

使用心得是指顧客用完商品或服務後留下自己的評價。使用心得可以栩栩如生地傳遞出顧客使用產品時的過程、從中感受到的滿意或不方便的地方等等。例如我們品嘗了某個特別的食物後，會非常詳細地記錄下它的味道與餐廳的服務等心得。對於一般無法體驗該商品或服務的人而言，使用心得是很好的參考指標，也能成為讓人決定消費的契機。例如二〇一六年美妝公司Mefactory[7]推出的「粉刺豬鼻貼三部曲」，就是利用顧客使用該產品後的心得作為廣告內容，再藉由人們的口耳相傳散播出去。這就是粉刺豬鼻貼大紅的契機。

他們與常見由藝人強調商品優點而欠缺真實性的美妝廣告不同，所以當人們看到消費者直接留下的使用心得時，會一邊感到共鳴，一邊對商品產生好奇心。消費者留下的真實心得可以成為那些沒體驗過的人的消費標準。

那麼，為什麼比起客觀的數據，我們更信賴幾個人的主觀心得呢？因為主觀意見「更能詳細描述商品，更能呈現使用前後的差別」。因為這一點，所以更多的人比起採樣的「數據」，更加信賴他人的「心得」。

不相信嗎？那請你試著按照直覺回答下列問題。

住在A地區的B想要叫比薩吃。

你必須猜對B會叫什麼比薩。

- A地區在賣的比薩之中，有九〇%是總匯比薩，牛肉燒烤比薩則占了一〇%。
- 你知道B喜歡牛肉燒烤比薩，所以你預測準確的機率是七〇%，預測錯誤的機率則是三〇%。

那麼B叫牛肉燒烤比薩的機率是多少呢？如果你回答七〇%的話，表示你無視上述第一項條件所列的統計數字，而是更重視「B喜歡牛肉燒烤比薩」的因果關係。其實這問題沒有正確答案，但是至少可以得知你在計算B選哪款比薩的機率時，比起整體統計的數據你更

7 譯注：二〇一五年二月推出「粉刺豬鼻貼三部曲」，一年便達到年銷售額一百億韓幣（約為新台幣二億七千萬元）。

看重的是因果關係。與統計數據相比之下，人們對呈現因果關係的心得賦予更高的價值。

比起花大成本製作可傳遞行銷資訊的廣告，顧客自己成為頻道來宣傳商品更能製造出驚人成效，而了解這一事實的企業，為了獲得更多的使用心得，不論是好心得或壞心得，都向顧客施展了各式各樣的推力。

使用心得一般限制是一百五十字到五百字之間，所以寫一篇使用心得大約要花兩分鐘到五分鐘的時間。二十四小時裡花兩分鐘不算很長的時間，可是人們認為花時間寫使用心得並不划算，所以不會積極參加。因為除了商品的好與壞，人們無法感受到要寫出一篇詳細使用心得的必要性。

當人們很喜歡某種東西，並覺得如果不會給自己帶來麻煩的話，就「必須要分享出去」。我們在使用了好用的商品或是非常滿意的服務後，會向朋友推薦「大家一定要去一次」的原因就在於此。如果自己經歷了最糟糕的服務，也會分享給其他人知道。但如果商品得一切都普普通通時，我們會無法感受到寫使用心得的必要性。大多數的顧客不寫使用心得的原因是感受不到寫使用心得的價值。企業為了解決這部分，設計了各式各樣的推力給顧客。現在我們來了解企業提出的推力有哪些。

一、向顧客提出寫使用心得可獲得報酬的獎勵

為了引誘人們多多寫下使用心得，企業會向寫下使用心得的顧客贈送「在別的地方也能使用的報酬」。因此顧客會認為寫使用心得是理性消費的手段，而且自己想要買其他商品時，也可以透過有提供報酬的網站進行消費。那麼，當人們看到撰寫使用心得後可獲得一〇%優惠券的文字時，會有什麼反應呢？

A：不寫使用心得，直接略過。

B：花三分鐘寫使用心得，得到一〇%優惠券。

假設你可能會參加這個寫下使用心得就可以拿到一〇%優惠券的活動。你覺得現在自己投資三分鐘的時間，之後就可以省下更多的錢，並認為寫使用心得等於「投資行為」，寫了之後不管用不用都是賺到。拿到一〇%優惠券的話，當你在購買其他商品時，可以買到比其他地方更便宜的價格，這也大大增加了你再次光顧該網站的可能。而企業藉由向寫使用心得的顧客提供報酬的方式，可以得到勤於寫心得和再次消費的常客。

二、賦予使用心得稀少性

雖然對寫下使用心得的顧客提供報酬的手段很不錯，但是報酬制度也有很明顯的問題。原因在於為了得到報酬而隨便寫下使用心得的「採櫻桃者」（cherry picker）們出現，導致不斷累積內容粗劣、對商品毫無加分的使用心得。雖然企業為了簡化顧客寫使用心得的過程而實施了評分制度，但是這實質上也不太能樹立商品形象。因此企業為了得到想要的「充滿誠意的使用心得」，把原本寫使用心得可獲得報酬的方式改成「競爭」形式，只向少數寫出優秀使用心得的顧客提供高額獎勵，將原本獎勵是二百韓幣到一千韓幣（約為新台幣五到二十七元）不等的優惠券（甚至還有使用期限）換成了獎金。企業挑選出撰寫優秀文章的顧客，送給他們準備好的獎金與獎品，並且任何人都有機會成為獎金得主，大幅降低成為獎金得主的壁壘，使更多人躍躍欲試。

比起給所有人獎勵，人們更喜歡只給少數幾個人獎勵。實際上有人在非實名制社群應用軟體裡向二百五十人詢問，如果有一場只給一個人一千萬韓幣（約為新台幣二十七萬元）的徵文活動，與給所有參加者一萬韓幣（約為新台幣二百七十元）的徵文活動，你會選擇參加哪一場？結果有二百三十一人選擇前者，因為一千萬韓幣的稀少性影響了行為，即使你獲得獎金的機率極為渺小。與稀少性低的東西與服務相比，我們會賦予稀少性高的商品更大的價值。

不曾寫過使用心得的人，會因為說不定自己可能成為獎品與獎金的得主而參與徵文活動，並用盡心血寫下一篇使用心得，而企業則是可以從中獲得更多品質優良的使用心得。不只是將使用心得當作獎勵手段，甚至還能將獎勵效果最大化，這真是相當令人驚訝的事。

我們在計畫約會行程或尋找美食時，會很依賴多數不特定的人留下的使用心得或評分。我們選擇餐廳時更偏好多數人的推薦，而非參考其銷售額來做決定。換言之，我們的判斷標準是依據因果關係明確的使用心得，而非數值化的數據。企業也很積極利用這一點，為了獲得更多的使用心得，提出各式各樣的獎勵，而現在我們也知道了這獎勵有時可能帶有稀少性。希望你不要忘記，我們當作判斷標準的依據，其實是受到精心設計的推力影響而來的依據。

II

解開認知的祕密

05 放下心裡的錨點：休息站賣再貴，照樣人潮洶湧

高速公路休息站的魔咒

我們開上高速公路正要去旅行，與親友們開心地朝著目的地前往的途中，這時坐在副駕駛座的人說想上廁所。正想著辦法時，剛好不遠處有高速公路休息站，便往那裡開進去了。親友們全部都去上廁所，回來時兩手拿著滿滿的食物，大家再次開開心心地踏上旅程。

旅行時或是出差時，高速公路休息站是不可或缺的地方之一。不管是要解決尿急或是肚子餓的時候，又或是為了趕走瞌睡蟲而需要喝一杯咖啡的時候，休息站都是非常有用的地方。甚至最近還出現了進行「高速公路休息站之旅」的人們，可見現在休息站不只是單純的休息空間，

而是正在成為「旅遊的一部分」。可是，我們為什麼一進入休息站，就會拿著一堆原本沒有要買的食物回到車上呢？這是因為休息站裡也有我們意料不到又引誘人消費的推力存在。

通常大家進到休息站時最煩惱的是什麼呢？正是價格，大部分休息站賣的食物價格，都比市價要貴出一千韓幣到二千韓幣（約為新台幣二十七到五十四元）左右，價格昂貴的原因是休息站的位置帶來了特殊性與稀少性。我們想在高速公路買到一杯咖啡，比在市區的道路上買到咖啡更難。我們移動的路線上咖啡店越多的話，越能在眾多選項裡挑選一間消費，但是在相反的情況下時，我們只能在僅有的咖啡店裡買咖啡。休息站也是一樣，高速公路上的選擇很少，即使人們覺得價格昂貴，也不得不硬著頭皮買下去。也就是因為高速公路休息站擁有位置優勢，所以商品價格居高不下。

韓國高速公路休息站的食物價格排名

排名	休息站	商品	商品價格	經營企業手續費率	備註
1	始興天空	龍蝦蕃茄比薩	19,800 （約為新台幣五百三十五元）	41%	民營
2	麻長複合	利川飯[8]特餐	18,000 （約為新台幣四百八十六元）	25%	民營
3	始興天空	特大排骨湯	17,000 （約為新台幣四百五十九元）	35%	民營
4	梅松 （木浦）	蕃茄奶油鮮蝦比薩	16,000 （約為新台幣四百三十二元）	50%	民營
5	高敞 （始興）	風川鰻魚蓋飯	15,000 （約為新台幣四百零五元）	直營	民營
6	金江	牛肉漢堡排	15,000 （約為新台幣四百零五元）	20%	民營
7	德坪	燉辣牛肉套餐	15,000 （約為新台幣四百零五元）	29%	民營
8	麻長複合	炒辣豬肉飯	15,000 （約為新台幣四百零五元）	25%	民營
9	梅松 （木浦）	長興鯖魚湯	15,000 （約為新台幣四百零五元）	45%	民營
10	梅松 （木浦）	海鮮奶油比薩	15,000 （約為新台幣四百零五元）	50%	民營

資料來源：韓國道路公社資料，二〇一八年十月

如同上面表格顯示的一樣，休息站提供的食物比一般市面賣的食物價格要貴上五〇%。當你在休息站看到昂貴的食物時，一般會有兩個想法：價格貴也只能吃了，或是堅持不在休息站吃東西。不管哪種情形，長期下來都會造成人們在休息站猶豫是否消費或是乾脆不消費了。但是嫌東西貴而不在休息站消費的人依然會踏入休息站，他們可能是為了去廁所，或是因為想睡覺而暫時休息一下。其實考量到高速公路的特性，人們踏入休息站的原因與休息站的昂貴食物實際上沒有太大的關係。因為人們在沒有其他替代選項的情況下，即使休息站食物的價格比一般市面貴上三〇%到五〇%，休息站的訪問率依舊不會下滑。

在經營休息站的企業立場來看，最重要的是將休息站設計成人們可以在站內獲得全新體驗、想好好逛逛的地方，而不只是來上一下廁所、

8 譯注：相當於池上米等級，每年還會定期舉辦利川米慶典。

進來休息一下就離開的地方。舉例來說，販賣Kakao Friends各角色周邊商品的Kakao Friends商店，人氣夯到被大眾評價為知名約會場所之一。可是，人們只在那裡欣賞而不購買的話，為了賺到實質業績而建的賣場，其存在價值就會消失。休息站也是一樣，重要的是吸引只為解決一時生理現象而非想使用休息站其餘設施的人們購買商品或服務，而不是吸引為了吃東西、買零食而進到休息站的那部分人。

企業選擇的策略，是設計出讓原本進入休息站只為了「上廁所」的人能瞬間想消費的空間，那就是在前往廁所的路上擺設小吃攤，激發人們想要買食物的欲望。實際上休息站的廁所位置都位在必須經過小吃攤的地方，更重要的是通往廁所必經之路上的小吃攤食物價格大部分是三千韓幣到五千韓幣（約為新台幣八十一到一百三十五元），定價都不會太令人卻步。為什麼通往廁所必經之路上的小吃攤不會太貴呢？因為這是企業利用價格給消費者下的消費之「錨」，也就是為消費者設立消費基準點的推力。

這裡的「下錨」是「定錨」（anchoring）的意思，指人會一直糾結在談判桌上第一次聽到的條件且無法擺脫的效應，也是指人無法擺脫先接觸到的資訊，並影響人做出的消費決定。現在假設你去廁所時分別看到了以下的句子：

A：辣炒豬肉飯，一萬五千韓幣（約為新台幣四百零五元）

B：龍捲風洋芋片，三千韓幣（約為新台幣八十一元）

A的情形會直接帶給消費者「休息站食物價格果然比較貴」[9]的認知，因此消費者有很高的機率會選擇多花一點時間尋找其他替代食物。

9 譯注：基本上韓國辣炒豬肉飯的價格不太會超過一萬韓幣（六千到九千韓幣的都有），休息站賣到一萬五千韓幣是真的太貴了。

然而，我們最先接觸到的是像B一樣平實的價格，那「三千韓幣」會自然地成為錨點，讓我們心裡覺得「上完廁所後去那裡買一個來吃好了」。如此一來，我們會決定要購買並做出消費行為，而這只不過是因為看到了食物的價格而已。

另外，我們在大部分休息站可以感受到的共同點是，休息站的咖啡店與廁所之間距離很遙遠。咖啡店與廁所距離很遙遠的原因也與定錨效應有關。我們為了買咖啡而踏入休息站時，我們的定錨是「連鎖咖啡店的平均咖啡價格」，也就是與前述情況不同，當我們購買咖啡時，其實早處於下好定錨的狀況。

我所知的美式咖啡價格：五千韓幣（約為新台幣一百三十五元）
零嘴價格：三千五百韓幣（約為新台幣九十四元）

這種情況下，人們不會就這麼錯過賣零嘴的攤位，光是零嘴比自己要買的美式咖啡便宜的這一理由，就會讓他們強烈想順便買一些零嘴了。相對價格比「咖啡價格」便宜的東西，都能成為讓人輕易打開皮夾的契機。企業就是利用這一點將咖啡店設在離廁所最遠的地方，讓人們從廁所出來朝咖啡店走去時，被小吃攤位吸引過去。

推力適用於現實生活的例子，大部分幾乎都與「動線」有關。在現實生活中，相同的商品要在相同空間裡達到最大銷量的方法不是廣為宣傳，而是必須讓顧客踏入賣場時，誘導他們一直伸手去拿商品。企業知道人不會理性消費，所以大多會照著顧客移動的動線規劃，就連我們看似無心亂走的動線，也是企業利用大數據或行為經濟學、心理學理論規劃而成的。人們其實不太清楚自己正在走動的場所是經過多麼精密研究後形成的，但是當我們站在企業的立場思考時，就能再稍微聰明一點地進行消費了。

菜單版面上的錨點

我和女朋友下了很大的決心才去家庭式餐廳吃飯。在高級的橡木桌子和帥氣的爵士樂組成的氣氛下，我們一邊優雅地從菜單上挑選料理。我們在看了只有四頁的菜單後，決定吃肋眼牛排套餐。不過，女朋友看到第一頁與第二頁的料理價格都超過幾十萬韓幣後問我：「這裡會有人點這麼貴的來吃嗎？」

當你去高級餐廳時，請仔細觀察菜單。昂貴的料理價格從最低的十萬韓幣（約為新台幣二千七百元）開始，到最高超過一百萬韓幣（約為新台幣兩萬七千元）的都有。另外有些高級餐廳甚至會把最貴的紅酒選項，放在菜單的第一頁。為什麼高級餐廳要把人們不太會點的料理放在菜單第一頁呢？

基本上會到家庭式餐廳吃飯的顧客主要分成三類，下了很大決心來吃的家庭、想要在氣氛好的地方吃飯的情侶以及朋友聚會等。顧客階層雖然都不一樣，但是他們共同考量到的是「良好服務和食物品質」，所以滿意度必須比價格高。當滿意度沒有比價格高的時候，他們會毫不留情地尋找其他餐廳，像是改選為價格更便宜、氣氛又很好的餐廳。家庭式餐廳已和過去不同了，他們正面臨著失去「只在特別日子才會去的餐廳」這樣的高貴地位。

餐廳業者們開始煩惱該怎麼解決這個問題，是要降低價格嗎？還是價格不變，提高服務品質？最後他們決定將之前貴到快九萬韓幣（約為新台幣二千四百三十元）的牛排，調降到一人約二萬韓幣到三萬韓幣（約為新台幣五百四十到八百一十元），員工只進行點菜和上菜，以此取代原本的高級服務。即使餐廳做出突破性的變化，還是很難改變顧客認為家庭式餐廳只有價格貴而實際ＣＰ值不高的認知。價格大幅下降也只能發揮暫時性的效果，但是在思考ＣＰ值時，家庭式餐廳的服務還是有比其他餐廳不足的地方。

為了吸引更多人上門，家庭式餐廳開始發放優惠券，他們認為人們對價格的排斥感減少時，至少會光顧餐廳一次。這策略某種程度算是正確，人們開始在優惠券期限內光顧餐廳，但是優惠券制度馬上遇到非常致命的瓶頸——沒拿到優惠券的人依然覺得價格很貴。另外，基本上是手機用戶拿到優惠券，要改變大眾的認知還是有限，甚至持續發放優惠券還導致銷售額減少的情況發生。因為策略效果缺乏持續性，所以贈予顧客優惠的方式並不如預期。家庭式餐廳又再次陷入煩惱了，他們該如何讓親自光臨餐廳卻沒拿到優惠券的顧客，認為買他們的商品是理性消費呢？

家庭式餐廳在領悟到優惠券獎勵只能帶來暫時性效果後，將目光轉移到了店內的「菜單」。他們發現顧客在餐廳裡最先看到的不是服務生的招待，而是看著菜單選擇要吃什麼料理，於是他們將菜單上的料理重新整合成可以讓顧客「比較」的菜單。餐廳將人們最常點的人氣料理放在後面，比較少人點的高級料理放在前面，引誘顧客盡量比較菜單價格，這樣放在後面的料理看起來會相對便宜很多。再加上和原本實施的優惠券制度一起使用的話，可以讓顧客在家庭式餐廳裡以少一點的價格獲得更多的滿足。

到高級餐廳點菜時，菜單第一頁會介紹十萬韓幣到十五萬韓幣（約為新台幣二千七百到四千零五十四元）的高級料理，第二頁則是介紹四萬韓幣到五萬韓幣（約為新台幣一千零八十到四千五十四元）的雙人套餐或人氣料理。

事實上，顧客在店裡看著菜單要點餐時，餐廳並不期待顧客會選第一頁的高級料理。如果有顧客點第一頁的料理，他們當然會非常高興，但是他們希望的是顧客比較第一頁與第二頁的料理後，認知到其實他們餐廳還有更便宜的料理。其實當人們看到十五萬韓幣（約為新台幣四千零五十四元）的牛排後，再看到四萬韓幣（約為新台幣一千零八十元）的牛排時，會覺得後者看起來相對便宜，而選擇後者會讓自己覺得做出了理性消費。我們到底怎麼會有這樣的「錯覺」呢？這與前面介紹的「定錨」有很深的關聯。菜單第一頁標記的價格起到了定錨效應，能讓顧客實質上感受到四萬韓幣的料理更便宜。

A：十五萬韓幣（約為新台幣四千五十四元）／四萬韓幣（約為新台幣一千零八十元）

B：一萬韓幣（約為新台幣二百七十元）／四萬韓幣（約為新台幣一千零八十元）

A和B的價格中都有四萬韓幣，根據定錨的不同，我們對四萬韓幣的認知也會有天壤之別。四萬韓幣在A的情形下相對看起來很便宜，而在B的情形下則是相對看起來很貴。我們對同樣價格做出不同判斷的原因是，我們會以先提到的價格為基礎進行與後者的比較。不僅是在菜單上，這是在任何地方都容易看到的推力策略。

然而，這些看起來相對便宜，實際上並不便宜。其實，我們一整天都會不斷接觸到數不清的打折廣告、優惠活動、各式各樣的促銷等，忽然某一瞬間覺得那些東西看起來很便宜並開始關注，考量了CP值很久後決定要買。可是，我們要知道大多數的商品只是外表看起來很便宜，實際上價格並不然，因為我們賺的大多都是固定收入，若以消費占收入的比例來看，才可能計算出真正划算的支出。雖然不知道在收入有限的情況下，我們誤以為自己買到便宜商品的是否能帶來滿足感，但是必須了解怎樣才是最聰明的金錢管理。我們現在正埋沒在相對性之中，因此有必要認知到相對性帶來的過度消費之嚴重性。

06 高估自我導致過度消費：每立一次志，就花一次錢

陷入四週速成的錯覺

「請投資四週的時間，我們會讓您成為最棒的！」

當你要面臨語言考試、重要面試、人事考核等重要事項時，一定有在線上、線下廣告看到過只要幾週就可以學完全部內容的教育課程。這種在時間剩沒多少之際融會所有精華，藉此提高學生滿意度的課程，是各業界最常使用的概念之一。

如同我們喜歡四週速成的書籍一樣，究竟四週內完成所有課程的可能性有多少呢？其實大部分的人無法在這時間內完成所有課程，實際上

要完成業者提供的課程的話，最短要四週以上，最長也要兩年左右的時間。但為什麼我們無法在時間內完成學習這些內容呢？是因為我們的意志力太弱嗎？還是說我們的注意力有問題？

其實都不是，我們無法四週內完成課程的主要原因，與其說是我們缺乏意志力，不如說是因為那些課程一開始就不是設計為四週能消化的內容。換句話說，我們因為高估了自己而發生錯誤判斷。四週速成課程乍聽之下會讓人覺得非常精實又有效率，加上業者引誘消費者過度高估自我，消費者就會自然地報名登記。那麼，為什麼我們會下定決心購買「N週速成」的課程呢？

雖然我們不想承認，但是事實上我們並沒有自己想的那麼理性。其實大部分的人都有對自己比較寬厚的傾向，這傾向我們稱為「自利偏差」（self-serving bias）。自利偏差是指我們對自己比想像中更加寬厚，也就是我們給自己能力的評價會比他人給的評價更高，或是會誇大自己的能力。麥可・薛莫（Michael Shermer）著作《為什麼投資就是不理性》（*The Mind of the Market*）裡，提出了幾個研究，證實受測者們都給自己很高的分數，並表示自己的評分很客觀。

有一個研究是要史丹佛大學學生們針對親切、自私等個性特質與朋友們比較後，給彼此打分數，而大部分受測者們給自己的分數比給朋友的分數更高。之後實驗團隊告訴學生們自利偏差的危險性，並要他們重新評分一次。結果這些學生之中約有六三%的人主張自己給的評分很客觀，甚至有一三%的人回答自己已經非常「謙虛地」評分了。另外根據美國大學理事會（College Board）針對約八十三萬名高中生做的調查顯示，有六〇%的學生認為自己「與他人融洽相處的能力」屬於前一〇%，而且沒有一位學生回答自己是屬於平均以下。

《美國新聞與世界報導》（*U.S. News & World Report*）雜誌在一九九七年針對美國人進行了「誰上天堂的機率最高」的問卷調查，結果分別是柯林頓總統（Bill Clinton）五二%、黛安娜王妃（Diana Frances Spencer）六〇%、歐普拉（Oprah Gail Winfrey）六六%、德蕾莎修女（Mother Teresa）七九%，然而自己上天堂的機率平均是八七%，出現了相當令人驚訝的結果。

那麼，我們無法客觀看待自己，出現自利偏差的原因是什麼呢？因為我們會將好的事情歸於自己的功勞，壞的事情怪在別人身上或是本能地視為偶然、命運等。人傾向將好的記憶盡量記住，把不好的記憶盡可能地忘記，這種傾向也能幫助我們正向思考。

「N週速成課程」受到許多人歡迎的因素是什麼呢？如前所述，因為高估自己，認為「我一定可以在時間內完成所有課程」。現在試著假設一下你購買了四週速成課程的書或課程，而且你現在滿腦都是想要快點具備某種能力或通過某個測驗（有很大的可能是因為時間不夠或想快點結束某件事）。

在這種情況下，當你購買四週課程的服務或商品時，心裡會想著：「四週後我就可以學會這個技能，因為我是個意志力很強的人！」並一邊付錢購買。然而，實際上我們卻無法完成所有的課程，原因在於我們總是把情況想得很美好，但是真的在學習時，會遇到工作變忙或是突然發生預料之外的事情，導致課程無法再繼續下去等等情況，這一切都是因為事先完全沒有考量到「風險」（risk）的因素。因為沒有考量到風險而高估了自己，結果花上四個月的時間學習那課程，而不是四週，甚至不去上課或是連書都沒翻過就丟掉的人更是不計其數。這麼一來，我們就犯了對自己的高估與想快點解決問題而花錢買方法的錯誤。

即使你購買了四週課程，提供四週速成方法或教育的企業也絕對不會認為你能「在四週內完成課程」。因為你會漏算一個企業不會漏算的變數，那正是不確定性。

舉例來說，假設你現在有一個必須在三天內完成的特定主題，你做了下述的計畫：

第一天：分析主題

第二天：研究主題

第三天：撰寫及繳交簡報

實際上，當你購買了N週速成的解決方法時，一開始你也會做出和上述內容類似的計畫。可是我們絕對無法按照計畫進行，因為經常會發生不確定的變數。例如第一天突然有其他事情要做，必須優先處理那件事，而第一天要做的事情只好延到隔天再做。到了第三天，簡報都做完了，可是上司（或是教授、老師）說因為內容變更了，所以必須重做。經歷這些變數後，當我們真正完成這件事時，早已比原本說好的三天要花上更多的時間了。我們為什麼無法預測不確定的變數呢？無法預測是無可避免的，因為我們無法確定馬上會遇到什麼事，自然很難做出預先的規劃。

變數是會經常發生的，不知道何時會發生，影響是強是弱我們也無法推測。可是，我們在高估自我能力的情況下規劃出的未來藍圖，都是沒有考量各種變數所計畫出來的，之所以認為自己可以在四週內完成課程的原因正出於此。

「N週速成課程」給我們帶來了明確的教誨，那就是我們絕對無法按照預計完成所有課程，還會高估自我能力，並拿其他人成功的案例來說服自己，由此可見人的消費意識是可以遭到操控的。環顧我們周遭可以看到非常多這樣的例子，即使我們知道這些例子，還是會把錢花下去，就是因為想要快點解決問題。

當你想要買什麼延續期間較長的商品，像是課程或月票等，請你假設自己的水準只有平均水準，再考量各種變數後再建立計畫。所有的問題不是在「N週速成」的過程中解決，而是在你勤奮之下解決的。

讓人過分相信自己的健身中心月票制

剛下班，摸著很餓的肚子，在結束一天後要回家的路上遇到了工讀生們發傳單。他們發的傳單有兩種，一種是健身中心傳單，一種是補習班傳單。因為我沒必要去補習班，就把補習班傳單放到後面去，認真看著另一張健身中心的傳單。一看到三個月十二萬韓幣（約為新台幣三千二百四十三元）的文字後，便讓我想起之前要練出一身帥氣身材的決心。我試著將自己想像成傳單上那名肌肉男子一樣後，下定決心這次一定要練出好身材，並打電話去健身中心。

健身中心是許多人愛恨分明的地方，因為有些人為了練身材、減肥而繳交幾個月的會費，可是突然從某個時候開始就不再去了。雖然這些人想要練出好看的身材，但是在喝了酒不去運動的時候，又會埋怨放任身材回到肚子上有層游泳圈的自己。既然這樣，我們怎麼總是犯下三天打魚、兩天曬網的同樣錯誤呢？是因為我們很懶惰嗎？

並不是，讓你感覺自己很懶的是在你購買健身中心使用券時的失算。那麼，為什麼健身中心的使用費要採用定額制呢？定額制對顧客來說是理性的策略嗎？

史丹佛大學心理系教授布萊恩．肯努森（Brian Knutson）的研究團隊，為了了解我們買東西時大腦會發生什麼變化，而拍攝了腦部磁振造影（MRI）。根據實驗結果顯示，我們大腦在看到喜歡的東西瞬間，感受快樂的中樞會強烈地活化起來，幸福的程度如同和情人在一起的程度相似。但是在確認要買的商品價格時，感受混亂與煩惱的中樞會活化，並讓人感到壓力。還有在快要付錢的時候，感受痛苦的中樞會激烈地活化且產生強烈的不快，而這痛苦的程度與我們被刀割到或被火燙到時的痛苦程度相似。因此，金錢的減少會誘發我們感到撕心裂肺般的痛苦。結論就是當我們看到喜歡的東西時的快樂，會在決定購買後要付錢的瞬間轉換成痛苦。

販賣商品的企業十分能掌握消費者這樣的心理，也知道消費者在消費時不會感到痛苦的話，就會買更多東西的事實。我們經常使用的信用卡就是為了降低人們在消費時感受到的痛苦，而設計出的消費型強力毒品。這和皮夾裡沒了現金不一樣，使用信用卡會稍減消費者付錢時的痛苦，並讓人的大腦對消費無感。支付現金時會產生血汗錢消失的痛楚，可是用信用卡付錢後，店員會再把卡片還回來，所以心理上的喪失感不大。而且，因為不用馬上支付金錢也沒關係，所以更讓消費者偏好使用信用卡。但是，消費的過程終究還是成為了一種痛苦。

為了忘記消費的痛苦，企業找出可以減輕顧客痛苦的要素，推出了幾個付款方法：

一、**分期付款制**

分期付款制度是錢分成許多次支付的制度，這是可以先拿到東西，並在長時間內將必須支付的錢分批付款的一種買賣方式。因為分期付款制度是使用信用卡支付，不只可以減少痛苦，還因為分成幾個月付款，所以每次付款時的金額不高，也可以減輕高額消費產生的痛苦情緒。

二、**定額制**

定額制是將原本每天要繳的錢整合成定期一次性繳費，因此可以減少消費者的痛苦。定額制的費用比每天要繳的錢乘上使用天數更低，所以企業會引誘消費者盡量選擇長期使用券。

三、**負數存摺**[10]

負數存摺是銀行推出的一種貸款商品，正式名稱為額度上限貸款[11]。只要提前設定好銀行活期存款戶頭的「多少都能借」[12]信用貸款的額度，每當使用者需要額度以內的錢時，就可以隨時隨地借到錢的一種貸款存摺。最近還可以透過手機銀行等，不用跑到櫃檯就可以申請。這與計算貸款上限總額利息的信用貸款不同，因為只計算使用金額的利息，所以必須馬上償還貸款總額的痛苦也比較少，也有越來越多人使用的趨勢。

定額制是將原本每天要繳交的費用定期一次付清，降低消費者的痛苦，並引誘他們再花更多的錢消費。那麼，在比較每日費用與定額費用

10 譯注：韓國預借現金制度的一種。負數存摺是使用活期存摺戶頭向銀行借錢，先設定每次能借多少的上限額度，即使該戶頭沒有錢，也會將借的總金額算入，並在存摺上以「負號」標記總還款金額。優點是可以輕鬆借錢，只要將錢匯入帳戶就是還錢，利息也一併算入該戶頭。

11 譯注：한도 대출，韓國特有名詞，這裡採意譯。

12 譯注：얼마까지 대출이 가능하다，申請貸款的名稱，每家銀行名稱都差不多。

時，人們會做出什麼選擇呢？要怎麼做人們才會選擇定額制呢？接下來的例子裡，你必須從每次使用時繳錢的按次計費制，與一次付清的定額制中選擇其一。

A：每日使用費一千韓幣（約為新台幣二十七元），使用一個月

B：每月使用費三萬韓幣（約為新台幣八百一十元）

當給予人們這兩種選項時，出現了這樣的結果。

A：每日使用費一千韓幣（約為新台幣二十七元），使用一個月：四十八人

B：每月使用費三萬韓幣（約為新台幣八百一十元）：二人

大多數的人都會選擇A而不是B，因為A和B的總價格是一樣的，人們知道自己不會三十天裡天天去健身中心，所以不會選擇B。也就是人們要付的價格一樣時，反而會有考量日後發生變數的傾向。但是，接下來的選項會讓人們做出完全相反的舉動。

A：每日使用費一千韓幣（約為新台幣二十七元），使用一個月
B：每月使用費二萬韓幣（約為新台幣五百四十元）

當提出上面的選項時，會出現與前一個選項完全相反的結果。

A：每日使用費一千韓幣（約為新台幣二十七元），使用一個月：十六人
B：每月使用費二萬韓幣（約為新台幣五百四十元）：三十四人

過半數的人會選擇A而不是B，那人們選擇B的最大動機是什麼呢？當定額制的月費比每日使用費的一個月費用更便宜時，人們會假設自己每天都會去健身中心，並選擇消費B。

無論在第一個例子中選擇A或B，只要人們真的三十天裡每天都去健身中心的話，支付的錢都會是三萬韓幣。因為人們知道每天都去健身中心是多麼困難的事，所以幾乎沒有人選擇支付月費。雖然支付的價格都一樣，但是人們會選擇能考量日後變數的A選項。然而，當每月使用費從三萬韓幣（約為新台幣八百一十元）降到二萬韓幣（約為新台幣五百四十元）時，比起思考自己不可能三十天都去健身中心的變數，他們更會想如果三十天都去健身中心的話，反而賺到一萬塊韓幣（約為新台幣二百七十元），或是想著就算三十天裡有十天不去，也一樣能「賺回本錢」。

換言之，定額制費用較低時，我們會直覺地選擇平均每日使用費低的選項，而不是考量變數，這讓我們產生自己會整個月每天都去健身中心的錯覺。透過這例子，我們可以知道光是調降價格就能讓消費者做出不同選擇，也可以知道價格越是便宜，人們越是不理性思考、高估自我。

當你在第二個例子中選擇B時，不會去計算你可能使用健身中心的平均次數，也不會考量基於各種變數而中途放棄健身的可能，或是身體受傷無法持續運動等突發的變數。這裡我們不考量變數的最大原因是，我們會假設自己三十天內一天不漏地去健身中心的話，定額制價格會相對地非常便宜，所以認定選擇定額制是理性消費。

定額制乍看之下是能給消費者帶來利益的費用制度，因為它與繳交每日使用費相比下看似更有效率又能省錢。然而，定額制其實絕對不會為你帶來利益，當你決定消費時，定額制會引誘你出現高估自我的自利偏差現象，讓你失去理性判斷。因為你決定購買時，會受到「自我能力評價過頭」的影響並選擇定額計費，而實際上卻可能要付出比每日費用更高的金額（像是你付了一個月的錢，卻只去了五天的情況）。

統整下來，定額制看似是理性消費，事實上是利用消費者潛意識中更喜歡便宜價格的心理，讓消費者選擇定額計費，而非思考變數、選擇符合現實的每日費用。這就是健身中心為了確保固定的會員人數及資金來源的推力策略。

定額制給我們帶來的教誨很簡單，絕對不要過度相信、高估自己的能力，一定要考量現實各種變數後再做出消費選擇。現在這時候一定有些人正後悔自己付了定額費用卻一次都沒使用，想著「我為什麼花了錢在自己一定不會去做的事情上呢？」、「是我的意志力太薄弱嗎？」其實這不是因為你的意志力太弱，只是因為定額制的推力太強，而使你無法理性思考、高估了自己罷了。

07

每個人都有選擇障礙：向消費者有效地「策展」

讓人主動伸手去拿的推薦商品

回家的路上我突然想起要買化妝品，因為正在用的香水剩沒多少了，還有最近手很乾燥，必須抹護手霜，所以我那正朝著家裡方向走的雙腳，便轉向朝藥妝店走去。

我平常不是有在關注化妝品或是很了解化妝品的人，只不過是很喜歡以前別人送的香水，所以持續使用同款產品而已。這次我也一樣要去買同款產品，奇妙的是賣場前擺放的推薦商品吸引了我的目光。它亮麗的設計給人彷彿被棉被覆蓋般的舒適，一看到這款香水我就想像起它放在我桌上的畫面，接著想：「不如這次試試這產品？」結果我沒有買一開始想買的那款，而是買了推薦的商品。

「推薦商品」是我們在賣場裡經常可以看到的擺設之一，雖然不知道是誰推薦的，仍會讓人認為那是經過認證的好商品。不過，在這裡我們要探討的是推薦商品大多放在賣場入口處的這件事，到底將推薦商品放在賣場入口的原因是什麼呢？還有這策略要如何讓消費者打開自己的皮夾呢？

假設你現在處於必須做出選擇的情況，選項多一點會比較好嗎？還是選項少一點比較好呢？在面對這種情況時，最能解釋人們會出現什麼傾向的正是「果醬實驗」。

哥倫比亞商學院教授希娜・艾恩嘉（Sheena Iyengar）、史丹佛大學心理學教授馬克・萊柏（Mark Lepper）進行了一個實驗，帶受測者們到購物中心，請他們購買果醬。他讓一組人試吃六種口味的果醬，另一組試吃二十四種口味的果醬。最後出現了怎樣的結果呢？實驗結果證實，試吃了二十四種果醬的那一組會有更多人走進賣場找果醬，更驚人的事實是試吃過六種果醬的那組有更多人購買果醬。美國心理學家貝瑞·史瓦茲（Barry Schwartz）解釋，實驗結果顯示，選項太多會讓消費者在做最終選擇時猶豫，甚至將消費者趕走。實際上，擺設六種果醬的攤販有三〇%銷售率，二十四種果醬的攤販僅有三%銷售率。可是，受到消費者歡迎的攤販反而是二十四種果醬的試吃活動，有六〇%之高的人來試吃，這就是史瓦茲所謂「選擇的悖論」（paradox of choice）。

所謂「選擇的悖論」是指選擇的範圍越廣，人反而越會做出錯誤的決定，對選項的滿意度也會下降的現象。我們一般很容易認為選擇的範圍越廣，消費者會越滿意，因為可以從更多的選項中挑選其中一個，然而實際消費的結果卻經常出現相反情況。當消費者面對各式各樣的選項時，他們會更難做出選擇，而最後的選擇有很高的機率不是最好的選項。即使最後選擇的東西是最好的選項，人在面對這麼多選項時，會心想著：「會不會還有更好的東西？」內心不斷地增加不安。因此，增加選項無法看作是一定能提高消費者滿意度的方法。

不過，經常減少選項也不是好的方法。因為根據情況的不同，選項很多時也能給消費者帶來滿意。接下來會分別描述選項多時的正面情況與選項少時的正面情況。

一、在探索階段：選項越多越好

在還不用做出選擇的情況，而是必須探索、蒐集情報的時候，選項越多越能讓人滿意，因為人們的目的是在還沒決定要買哪個商品前，試用各式各樣的商品並得到盡可能多的訊息。換句話說，在還沒有決定購買的時候，選項越多越能讓消費者有更高的滿意度，也能讓他們之後在購買時認為自己理性消費。因此大部分的店家會顧慮到喜歡探索商品的消費者，而擺放各式各樣的商品種類。

二、在做決定階段：選項越少越好

在為了解決某些問題而需要決定方案時，選項少比選項多要更好。決定方案的標準有很多，如果選項有很多個的話，人們會覺得很難選出符合標準的選項，也會感到有壓力。前述的果醬實驗因為是要人在各式各樣的果醬中決定購買方案，所以人們更喜好選項少的情況。

做出準確選擇是一個艱難的過程，而要做出店家與顧客能雙贏的方案也是一個不簡單的過程。那麼店家與顧客的立場有怎樣的差異呢？店家不得不偏好選項多的情況，是因為消費者光顧店家（包含線上線下）後會盡可能地多多蒐集資料，再選擇其中最適合自己的方案，所以店家必須盡可能地引誘他們購買。此外，選項一多的話，消費者將選擇的責任轉嫁到店家的傾向會大幅減少，因為他們要考量各式各樣的方案後才會消費，也會覺得自己最終做的決定是理性的。

消費者的立場則與店家不同。消費者要在各種選項之間尋找適合自己的商品，也會經歷蒐集商品情報的過程。可是，在接近最終決定是否購買的時刻，選項要越少才行。對消費者而言，消費不只是單純購買商品，而是為了填補自己需求的過程。這過程裡最需要減少的就是「壓力」，一旦選擇的範圍變廣、產生壓力的話，消費者放棄消費的可能性也會增高。

這樣的立場衝突導致店家有了一個煩惱：「我應該要減少商品的品項嗎？或是繼續這樣給消費者壓力呢？」減少商品品項看似可以讓消費者毫無壓力地做出選擇，實際上卻不符合店家做生意的宗旨，再加上方案減少的話，消費者可能還會懷疑自己的選擇。反之，維持現有方式的話，可能會出現令消費者不滿的狀況，甚至他們可能會和果醬實驗一樣放棄做出選擇。店家在這種情況之中必須找出能滿足彼此需求的方法，所以他們發現了幫消費者整理選項的「推薦」方式。

推薦是指因為該商品或服務的品質不錯，所以向他人介紹「你也適合這款」的意思。當我們收到推薦時，焦點自然會轉移到推薦商品上，還能得到別人代替自己做出選擇的效果。如此一來消費者的滿意度也會提高，推薦商品也會賣得比其他商品好。因為「推薦」可以說是別人代替我做選擇的行為，所以消費者在消費過程可以大幅減少壓力。簡單來說，這省略了消費者探索的過程，既能留住顧客消費的原因，同時也沒必要改變店家做生意的宗旨。推薦制度對店家來說是「兩全其美，皆大歡喜」的方法。

推薦制度是能同時滿足顧客與店家希望的制度，可是要能有效地發揮制度成效的話，必須要有能引誘顧客購買推薦商品的推力才行。因此，店家將推薦商品放在顧客最能看得到的地方，或是放在集中推薦商品區來突顯它們，而推薦商品放在店家入口處則是最能顯著減少顧客探索時間的推力策略。如果推薦商品出現在眼前的話，消費者還沒開始在賣場裡到處尋找，就會馬上在當下做出是否購買的決定，也能脫離選擇的痛苦。

整體來看，推薦商品是能讓消費者更快消費的推力策略。店家只能依照主觀的標準挑選出推薦的商品，可是消費者會認為「有人推薦的商品自然有它的理由」，而放棄探索的過程並馬上購買。

當我們聽到是某人推薦的商品時，自然會認為那是很好的商品，但是我們必須認知到這事實上是店家在引誘你買下那商品。推薦商品中當然有很多品質或評價都不會差到哪去，但是它可能不符合你要的標準。不要因為是推薦商品就無條件花錢購買，請先站在自己想解決的問題上再思考一下，就能稍微做出理性的消費了。

貼在冰箱上的外送傳單

職場的午餐時間看似很充裕，實際上卻很緊迫。我為了準備下午兩點的重要會議，所以沒時間吃飯，決定叫個簡單的外送來解決午餐。在找哪家餐廳好吃時，發現了之前隨手拿到的傳單。「好吧！我也懶得選了，就叫最近的餐廳外送吧！」我在收到所有組員的點餐後，打電話給餐廳叫外送。

我們的辦公桌前總是可以輕易看到的外送傳單，雖然不知道是誰貼的，但是當我們要叫外送時，眼前的傳單還是會發揮作用。為什麼我們在眾多選項之中，只想選擇眼睛看到的選項呢？傳單就是利用你討厭、嫌棄做選擇的推力策略。那麼現在來了解推力如何利用我們討厭要叫哪家外送的心理，並引誘我們「點餐」。

實際上，我們做出選擇的同時會伴隨著很大的壓力。因為人們在做出選擇的瞬間，會對自己沒選的選項依依不捨，一直煩惱著做出選擇後的機會成本（opportunity cost）。當這個也想做、那個也想做的時候，兩邊都做是最理想的，可是有限的時間與物質因素導致我們無法滿足所有的欲望，使我們經常站在「二選一」的岔路口。

首先，如同前面提到的一樣，選項多不一定是件壞事，因為這樣就有機會可以從各角度去分析各種選項。舉例來說，有一家飯和泡麵只能擇其一的餐廳，和另一家可以選擇飯、泡麵、炸豬排等各種料理的餐廳的話，你會喜歡哪一家呢？大概你也會喜歡選項很多的後者。但是，實際讓人做出消費行為的是只能選擇飯或泡麵其中之一的餐廳，其銷售額會比後者更高，因為選項越少的話，越能明確計算出選擇的機會成本。

比如前者的情況，選擇吃飯的話，明顯會有「我吃不到泡麵」的機會成本存在，如此明確區分下，人們不會覺得機會成本高。可是，在各種選項中選擇一個時，機會成本到底是「除了我選擇的東西以外的總和」還是「剩下的東西裡價格最貴的那個」，因為機會成本不明確，所以這種情況比二選一的情況更讓人在意機會成本。結果，選項一多的話，人會因為要求自己對沒選的選項更加理性思考，而感到痛苦。

然而，選項的多寡不是人做出選擇時的決定因素。事實上，在做出選擇時最重要的不是選項的數量，而是要有明確的選擇標準。

例如下列必須在兩者中選擇其一的狀況：

A：選擇標準＝沒有

炸醬麵好吃的甲乙餐廳 vs. 海鮮炒碼麵好吃的丙丁餐廳

B：選擇標準＝海鮮炒碼麵

炸醬麵好吃的甲乙餐廳 vs. 海鮮炒碼麵好吃的丙丁餐廳

在A與B的狀況中，都必須選出是要去甲乙餐廳還是丙丁餐廳。A

的話是從兩個選項中挑選其中一個，但是人們卻不知道要選擇哪間餐廳而感到困擾，因為沒有明確的選擇方向。

然而B的話，因為有明確的選擇標準，所以可以推測出人們可能喜歡B大於A的狀況。喜歡海鮮炒碼麵的人自然會喜歡海鮮炒碼麵好吃的餐廳，而不是炸醬麵好吃的餐廳。因此設定選擇標準有助於減少選擇時的壓力，選擇的標準不只是提高選擇的品質，還能減輕選擇過程中伴隨而來的壓力。

做選擇時提出標準有助於快速選擇。企業減輕消費者選擇時的痛苦，同時也為了引誘消費者朝他們期望的方向消費，而設計了只屬於他們的「特定標準」來誘惑消費者。接下來將透過幾個例子來了解企業如何向消費者展示特定標準。

一、週末要幹嘛？ZUMO的活動推薦

ZUMO手機應用程式是向無法決定週末約會行程或旅遊行程的人推薦各種主題場所，以及預約戶外活動、行程的平台。萬一你現在必須計畫約會行程，卻又沒有選擇的標準、抓不定方向時，企業會好心地提供你特定標準，例如適合情侶、多人聚會、走向戶外、室內手作等，幫助你做選擇。當推薦的內容是自己感興趣的事物時，人們大多會選擇平台上推薦的場所或活動。

二、現在想吃啥？外送民族的宣傳

外送民族一直在進行優惠活動，像是每月或每週推出特定餐點優惠活動，或是特定類型餐點全部打折的活動。尤其是外送民族在宣傳的時候，不只是有吸引人矚目又有趣的行銷口號[13]，還有像在「說服」

13 譯注：韓國人自古自稱「倍達民族」，「倍達」在韓文裡與「外送」同字，所以他們在宣傳上經常利用這點。

煩惱要點什麼的顧客，幫助他們做出選擇，引誘顧客使用外送民族提供的服務。

從這裡我們可以知道，企業對你進行了「策展」（curating），所謂的策展是指將相似卻又不同的東西整理成一個主題，賦予它們特定的意義。這是原本常用於美術上的一個概念，現在人們已經將它廣泛使用於市場行銷、通路宣傳等全方位上了。策展是在設定了特定標準後，把不甚相同的事物整理在一起向人們介紹。比如說有個選擇標準是「新沙洞約會路線」[14]的話，企業會將符合「新沙洞約會路線」主題的美食、咖啡店、購物等約會所需要素提供給消費者。

企業為你策展的原因是什麼？正是為了給因為選擇範圍廣或沒有選擇標準而煩惱的你，提出特定的選擇標準，引誘你按照選擇的標準進行消費。假設你決定在別人推薦的「新沙洞約會路線」中選擇其中一條，並利用這款應用程式的服務，預約約會行程裡的體驗活動。那麼你為什麼在那麼多個選項之中預約了體驗活動呢？除了體驗活動以外，應該還有更多豐富又有趣的約會路線才對。原因就在於你為了要迴避必須做出選擇的困擾，比起自己去搜尋實用的約會路線，別人幫你策劃好放在眼前當然更為方便。企業為消費者提供策展不是為了幫助你，而是讓你按照企業所想的去行動的推力策略。

我們再次回到公司的午餐時間。你現在必須要選擇一間餐廳，為了享用一頓美味的午餐，你在考慮了外送時間、周遭人的評價、位置等周遭所有的便利因素後，需要從各種選項中挑出最好的選項。但是，在「可以外送的店」這樣抽象的標準為前提下，挑選餐廳並不容易。

首先，你要一一打到公司附近的餐廳詢問是否能外送、外送門檻是什麼，因為這樣會花太多時間且相當麻煩，所以又造成了另一種壓力。

14 譯注：位於首爾江南區，有許多裝潢高級又有氣氛的店。

另外在叫外送時，你必須實際調查大家的口味和偏好，可是每個人的習慣都不一樣，很難統一意見。

這時有一張搶眼的傳單，上面寫著類似幫你整理好選擇的文句「忙碌午餐時間可外送的餐廳清單」，我們在看到強調「可以外送」的傳單時，為了減輕找餐廳的辛苦，會乾脆叫傳單上那家餐廳的料理，而不是考量各種選項後做出最理性的選擇。因此餐廳不管你的公司願不願意拿，都會拚命把外送傳單塞出去。

然而，只要稍微在網路上搜尋，就能找到很多非常完整的情報，但是我們更傾向選擇別人推薦的料理來做決定，而非在選擇時考量各種提案的價值。其實現在是什麼都不做，也會有數不清的資訊湧入，還能輕易利用這些資訊的高科技時代，能好好利用這種便利是件好事，可是千萬不要連重要決定都嫌麻煩。請設立屬於自己的明確標準再做出選擇，無論那個標準是什麼。

08 能不變就不變的「現狀偏差」：改變需要一點糖吃

任何人都害怕改變

我上網時看到了一間音樂網站「第一個月免費」的廣告，剛好對現在正在使用的音樂串流服務很不滿意，為了拿到第一個月免費的優惠，我很開心地去申請了這家服務。

我們在上網時經常會看到「免費聽歌使用券」的活動，優惠活動多半是可以一個月或兩個月內免費使用音樂服務，之後開始定期自動扣繳使用費以持續提供服務。當然這對該音樂網站不是什麼大事，只會刊登在公告上而已。反而是外部的使用者因為正好也要申請音樂服務，便會一邊想著「太好了」，一邊參加優惠活動，等到免費期間結束後，他們也成為了定期付費的顧客。

影音網站Netflix會送新會員一個月免費使用的服務，甚至使用中突然取消服務也不用手續費，是無論何時都可以中止的服務。但是就算有這樣的措施，人們卻不會想要取消自己申請的服務。既然如此，我們就來了解其中的原因吧！

串流（streaming）是指透過網路持續傳輸數據，提供即時觀賞的技術。因為串流傳輸比下載更不占裝置的容量，使用過程也單純，所以消費者很喜歡。過去我們在聽音樂或是看影音時，是透過下載來消費影音或音樂而非串流傳輸的方式。在串流影音市場擴大以前，人們為了聽音樂曾使用過黑膠唱片、錄音帶、ＣＤ、ＭＤ隨身聽、ＭＰ３隨身聽等，我們用「收藏」音樂的概念做出消費的舉動。隨著時代的演變，文化內容消費的趨勢從下載、收藏的概念變成了使用。過去橫行無阻的非法下載市場一被阻斷，人們會想「那我就付幾百元嘛」，並開始使用付費的不限次數聽歌、不限次數下載的服務。

透過手機使用音樂串流服務現在看似相當風行，其實才成為趨勢沒多久。不過當音樂在智慧型手機市場開始實施串流服務，只要插上耳機，就變成線上音樂播放器，便憑藉這一優點而在智慧型手機使用者間享有很高的人氣。還有，業者積極推銷的「吃到飽」費率也讓顧客產生好感，吃到飽對重視「CP值」的顧客而言，可以充分滿足他們的需求。現在假設我一個月裡聽一千首歌，音樂串流服務一個月使用費大約七千韓幣（約為新台幣一百九十元），下載一首歌的費用是七百韓幣（約為新台幣十九元）。如果我都下載音樂聽的話，一個月會產生約七十萬韓幣（約為新台幣一萬九千元）的支出。如果我是使用串流服務聽音樂的話，一個月只要付七千韓幣（約為新台幣一百九十元）。換言之，人們認為這是個聽得越多，CP值越高的商品。

現在的音樂串流市場與十幾年前報社為了增加訂報人數而相互競爭

的媒體市場很像，甚至競爭激烈到超乎我們的想像。不過，音樂串流服務與報紙不一樣，大多數消費者只申請一項服務，一旦決定消費那一項服務後，他們只會集中消費那服務。

那麼，企業該選擇什麼樣的顧客才能更加確實宣傳商品或服務呢？企業一開始透過傳統的市場行銷方式，按照各「年齡層」去接觸顧客，因為十到三十歲年齡層的人最常聽音樂，並且有分享音樂給周遭人的特性。但是以年齡層接近顧客的方法失敗了，原因在於智慧型手機普及化了，大家不分年齡層都更喜歡聽音樂了。像是十歲世代會聽八〇到九〇年代的音樂，六十歲世代也會聽十歲世代們愛聽的音樂等，人們愛聽的音樂體裁自然地、融合在一起，因此十到三十歲年齡層、四十到六十歲年齡層的區分已失去意義。

第一個方式失敗後，企業在第二次挑戰裡調查了音樂播放的頻率，策劃了向音樂播放次數高的族群推薦商品與服務的策略。可是，這策略比第一次策略更加失敗。因為經常聽音樂的族群非常分散，所以無法找到可以區分顧客的特點。除此之外，也透過提供推薦人優惠等的方式來分析顧客，但是最後都毫無成效。經歷了幾次的嘗試錯誤後，企業定義出了至少兩種客群。

一種是第一次使用音樂串流服務的人。原本這些人會在YouTube聽音樂或下載來聽，但是在聽最新音樂時，必須下載來聽的方式很不方便，還有使用YouTube影音時，不斷跳出來的廣告會增加他們的疲勞感，所以第一次使用音樂串流服務的人成為了企業的主要客群。

第二種是已經使用音樂串流服務卻對價格或服務有諸多不滿，而想要換服務的人。比如像是音樂更新太慢、價格太貴，或是平台內部程式總是不更新、不改善時，人們會想要尋找其他的替代方案。

企業注意到了當人們在訂閱報紙時，只要沒發生什麼事的話，不管怎樣都會繼續訂閱報紙。如果沒有給予特別利益的話，人們不會輕易改變既有行為，像這樣想要維持現況的行為叫做「現狀偏差」（status quo bias）。在政治、社會及消費者分析中，也持續發現到人有維持現狀的偏見存在。接下來我們透過舉例來了解我們的現狀偏差有多明顯。

你這次想要換一間美容院，查了一下最後找到兩家美容院。

A：原本美容院，一萬韓幣（約為新台幣二百七十元）

B：新的美容院一，八千韓幣（約為新台幣二百一十六元）

C：新的美容院二，九千韓幣（約為新台幣二百四十三元）

三個選項中有一個是維持現狀，兩個是選擇去新的美容院。下面是透過非實名制社群應用軟體向五十人進行問卷調查的結果，詢問他們會做出什麼樣的選擇。

A：原本美容院，一萬韓幣：四十五人
B：新的美容院一，八千韓幣：五人
C：新的美容院二，九千韓幣：零人

問卷調查結果顯示人們在嘗試去「新的美容院」時，不只是單純地考量價格是否便宜，還會考量「放棄原本的美容院，使我必須承擔尋找其他美容院的成本＋選擇新美容院可能得不到想要的髮型之風險」等其他綜合因素才會做出選擇。像這樣變換到新的系統或其他方案時，消費者本人要考量的情況一旦變多的話，反而會感受不到自己一定要做出變化的必要性。那麼，接下來假設C選項還增加了頭皮按摩的服務。

A：原本美容院（剪髮），一萬韓幣
B：新的美容院一（剪髮），八千韓幣

C：新的美容院二（頭皮按摩＋剪髮），九千韓幣

這時會出現與前一個狀況不同的結果：

A：原本美容院（剪髮），一萬韓幣：四人
B：新的美容院一（剪髮），八千韓幣：十人
C：新的美容院二（頭皮按摩＋剪髮），九千韓幣：三十六人

C增加了「頭皮按摩」選項後，不只要與原本常去的美容院A比較，還要與同樣是新找的美容院、價格更低的B比較，所以出現了與第一個例子不同的結果，選擇A的僅有四個人。透過這結論我們可以得知的是，任何人都有著想要守護既有事物的現狀偏差，但是如果增加了很好的獎勵選項的話，人們會認知到必須改變現有的狀況。換言之，獎勵

選項要創新、價格要低，人們隨著那選項而行動的可能性才會增加。當獎勵很創新時，比起仔細地考量帶有獎勵的選項，人們反而會抱著先買來試一次看看的挑戰心情去購買商品。

即使現狀偏差因為創新的獎勵消失了，但是每當我們要使用新的服務時，現狀偏差又會再次發動。在顧客很滿意新的服務又沒有特別的事發生下，錢會持續從這些購買定期服務的人手上溜走，而企業正是利用這一點向顧客提供創新的獎勵。

企業施展的策略其實是放棄消費者購買商品後的一到三個月間，他們向顧客要求支付使用費的權利。因此顧客可以毫無負擔地使用服務，同時也逐漸習慣使用企業提供的平台。企業的意圖就是建立起免費使用時間結束後進行收費的制度，也就是將向顧客收取費用的權利往後延。乍看之下，這行銷手法好像能給顧客帶來龐大的優惠，因為可以免費使用原本需付費的服務，它會讓顧客覺得「反正之後我也要付錢購買，但是我可以先試用三個月後再決定」，並產生可以自律的想法，所以顧客不會有壓力。不過，這推力策略與前面提到的一樣，一旦我們加入了特定的平台，企業就會利用我們不太會做出改變且想要保持現狀的「現狀偏差」心態，因為大部分的人加入這種服務後，都不太會去解約。

反正我們之後也要使用這項服務，所以企業就讓我們「多拿些優惠」來使用他們的服務，以這樣的方式誘惑我們。但是最重要的是——「省錢使用音樂串流服務」的相反情況是「不使用服務」，而不是「用原價使用服務」。現在我們試著觀察自己正在使用的定期扣繳服務，那服務真的是你需要的服務嗎？是不是以前加入後就沒什麼需要，可是你已經習慣了？又或是為了得到不知划不划算的優惠而繼續使用？請好好思考，我們沒察覺到的漏財破洞其實比我們想的多更多！

III

從大賣場到電影院的日常推力

09 購物手推車隱藏的祕密
10 提高聚會型餐廳的翻桌率
11 吃到飽餐廳的邊際效益遞減
12 爆米花與電影院有什麼關係？

09

購物手推車隱藏的祕密：嬰兒椅與手機架的設計

聽說當季水果有特價折扣，我就跑去大型超市購物。原本只打算買了時令水果就離開賣場，但需要的東西一一浮現在眼前，就全部拿了放入購物車，一轉眼，購物車已經堆滿東西，結果支出金額遠比當初要買的物品金額更高。我只不過推了購物車來盛放需要的東西，不知怎麼的就變成這樣。

去大型超市時，我們總在不自覺中被魔法迷惑——任何東西都變得想買、都覺得需要的魔法——原本沒有預定要買的東西，突然吸引自己；本來並未想到的東西正在特價折扣，甚至提供會員積點，就這樣平白無故產生興趣。我不免擔心，自己在這樣挑起購買衝動的隱密誘惑之下，會不會無法從超市脫身，把所有東西都買回去。傳統上，超市裡面四處充斥著誘導消費者的推力。那麼，究竟有哪些推力在引誘消費者呢？

擊敗百貨公司的大型超市

二十年前，消費者買東西的地方大致是百貨公司、傳統市場、經銷商店等三處。消費者一般認為，衣服在百貨公司買，食品在傳統市場買，家電或電子產品在經銷商店購買。大型超市是打破這種傳統流通方式的新型態，把衣服、食品、家電產品全部陳列展示在同一個地方。此一嶄新的通路型態初登場時，業界的反應是心存懷疑。在百貨公司、傳統市場、經銷商店等已經掌握市場的情況下，絕大多數都在質疑大型超市能否成功。

不過，消費者迎接新通路型態的反應，比預想來得熱絡。原因在於，大型超市的售價比其他地方便宜。過去在百貨公司以昂貴高價購得的衣服，在大型超市可以用低廉價格買到。大型超市之所以能夠壓低商品售價，原因在於比起百貨公司，它的人力成本大幅減少。實際上，過去大型超市的賣場內部裝潢從簡，賣場工作的職員也比百貨公司少，所以能夠節省營運成本，相同商品可以用較低廉的價格提供。大型超市商品價格便宜的事實，很快就降低大家的疑慮，人潮也立刻大量湧現，原本不太願意供貨給大型超市的企業態度轉變，轉而開始積極爭取大型超市的上架機會。

二十年過去了，現今可以斷言，大型超市建構了國內最龐大的通路系統，成為最多人群聚集的地方。目前韓國全國的大型超市計有四百七十餘家，在大型超市總公司與各家分店工作的員工計有六萬九千人；大型超市的銷售額達三十三兆七千四百三十三億韓幣（約新台幣一兆元左右），比起百貨公司的銷售額二十一兆一千二百五十六億韓幣，足足多出十一兆韓幣。

大型超市開始進化：全通路時代的來臨

二十年前，大型超市是百貨公司與市場的「挑戰者」，現今二〇一九年，為了鞏固目前最強者的地位，不僅建構各種型態的通路和服務，更致力於讓消費者感受到超市的便利性，據此延續銷售目標和調整超市的構造。

二〇一四年，新世界株式會社針對購物中心進行改善，成立打破離線與線上分界的「SSG.com」。新世界百貨公司、Emart大型超市、Emart Traders倉儲式量販店、Boots藥妝店之類的新世界通路，皆統合在同一網站。例如，在線上購物中心購買的商品，可以在Emart或新世界百貨公司賣場取貨；今天在網上購買的商品，透過「速配送」很快就能收到。即使顧客並未直接親赴賣場，隨時都可以在線上購買商品，買完馬上就能收到，這門服務激起顧客的廣大迴響。

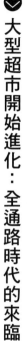

類似例子亦可見於韓國國內的最大書店教保文庫。若是在線上或用手機應用程式向教保文庫訂書，直接適用線上折扣，並可運用「立即奉送」服務，在自選時間、自選賣場取書。「立即奉送」服務的高便利性也獲得購書人的熱烈歡迎。

透過上述兩個例子可以感受到一點：大型超市與時俱進，逐漸跨足離線與線上領域，致力為顧客提供更便利的服務。像這樣線上與線下之間的界線消失，線上與線下又相互連結的情況，稱之為「全通路」。透過這項服務，消費者可以進出線上、線下、手機等各種管道來檢索與購買商品。也就是打造一個環境，結合各種通路的特性，讓人不論在哪個通路，都像是使用同一個賣場。若是使用全通路，不僅一眼就能比較商品價格，線上確認的物品，立刻就能在線下賣場購買。還有，消費者親訪的實體賣場缺貨時，也可以引導他前往距離最近的另一實體賣場購買。即使是在賣場購買的商品，也不必直接拎著離開，可以選擇從離家最近的賣場把商品直接宅配到家，對於消費者來說十分友善。

搬走我們熟悉的時鐘，讓消費者不會意識到購物時間，以及刻意把男性賣場安排在頂層等，都是大型超市長久以來使用的傳統推力策略；配合全通路行銷策略的推力則更加進化，甚至讓消費者無法察覺。那麼，大型超市裡頭隱藏的推力有什麼呢？

消除干擾的手推車

第一，大型超市購物手推車的材質從鐵製改成塑膠製。鐵淋到雨會生鏽，塑膠則有不會生鏽的優點；而且塑膠材質比鐵輕。儘管材質的變更可能是基於以上理由，但是，對於消費者而言，鐵會生鏽或塑膠比較輕的事實，實質上是無關緊要的。所以，能夠讓消費者動心的「視覺效果」，才是更重要的改良原因。原有的鐵製購物手推車裝東西時，手推車裡頭的東西看起來像是「被困在」手推車裡，鐵網間隙予人一種冰冷的感覺，視覺上可能會覺得不舒服。當手推車的設計變得輕盈舒適，消費者使用上比較不會礙手礙腳，這就是促進消費的推力。

第二，購物手推車打造了可以讓小孩子坐著的兒童空間。最近，手推車內部都準備了可以讓小孩子坐著的折疊式椅子。這樣的兒童空間也有推力。專為孩子另設空間的理由，除了有方便顧客照護小孩的考量，更重要的是，為了誘導消費者購買孩子想要的「物品」。

孩子們會想要工具套組嗎？會想要今天煮紅燒魚備用的魚或蘿蔔等等嗎？不會。孩子們來到超市會請求買給他的東西，大部分屬於兩種類型：點心或玩具。正是著眼於這一點，手推車內設置一個可以放孩子坐下的狹小空間。這裡的重點是，孩子們坐在兒童空間時的視野。孩子坐在購物手推車椅子上的視野，與父母的視野完全相反。父母們前進時望向前方，孩子們則是望向後方。讓孩子向後看的原因，或許是在父母錯過他央求購買的東西時，孩子可以纏著說要買，讓父母折返購買。例如，經過餅乾販賣櫃時，儘管父母無視孩子愛吃的餅乾，就這樣走過去，但是一直到下個轉角之前，孩子都看得見。孩子望著餅乾，如果不買給他，就會哭得天翻地覆，最後父母只得買下其實並不打算購買的餅乾。

第三，購物手推車設置杯架和手機架。手推車上準備了可以放置飲料杯或手機的空間，讓購物更愉快、更投入。杯子和手機的共同點是，購物時必須用手持拿。手裡拿著什麼東西，是頗不方便且耗神的一件事。特別是手機，每當通訊軟體訊息或電話等持續震動（或鈴響），容易害人無法投入購物。因此，大型超市的手推車在左邊設置杯架，右邊設手機架，目的是讓消費者能在超市裡專心購物。

在超市裡，購物專注度非常重要。為了讓消費者能夠專注在購物行為，消除外部的干擾因素確實有其重要意義。因此，為了提升購物的專注度，超市會運用各式各樣的策略，置杯架和手機架正是其中之一。

食品擺設位置的差異

第一，食品賣場的入口有水果販賣台和蔬菜販賣台。一進賣場入口，就能看到水果和蔬菜販賣台的位置。超市從入口開始，就肩負著誘惑顧客的使命，首要之務是讓人們一進入超市就心情愉悅，用放鬆的心態慢慢細看其他商品。因此，超市把對於季節變化最為敏感、色彩豐富的商品擺放在入口，予人舒適放鬆的感覺。如果人們看到蜂蜜、草莓、西瓜、蘋果等季節水果，也會對「當令水果」產生需求，知道此時有新鮮的產品到貨，購買欲望也會增加。蔬果商品本身色澤明亮，擁有予人乾淨、健康、促進食欲的優點。

第二，人氣商品擺放在右側。賣場逛一圈，經常會有商品種類太多而面臨選擇困難的情形。利用這一點，賣場為了讓人方便比較物品，在高度九十至一百四十公分左右處設計陳列台，目的是誘導人們以更簡便容易的方式，輕鬆比較商品後再購買。而且，賣場的人氣商品會擺放在右側。之所以把人氣商品擺放在右側，原因在於，我們的視線大部分是從左向右移動，最後視線會停留在右側。由於視線停留，看商品的時間比較長，人們自然更可能選擇右側商品。因此，賣場自身想賣的商品，經常擺放在最右側。

第三，準備試吃櫃台。在大型超市的食品賣場，常常可以看到試吃櫃台。之所以準備試食櫃台讓顧客能夠試吃，是為了將顧客免費試吃東西所產生的補償心理誘導為「購買」。人們無償接受某項服務時，潛意識會有補償的想法。因此，人們試吃之後衝動購買的情形很多。有無設置試吃服務，銷售差異足足可達六倍之多。

收銀台周邊的小陷阱

第一，收銀台前擺放顧客會一時忘記漏拿的東西。原因在於，人們購物時經常顧著東挑西選，實際上卻遺漏一些小東西。因此，賣場會擺放電池、洗潔劑、零食等物品，悄悄向顧客傳達「這個好像漏了，請補買」的訊息。而且，收銀台前方的東西，價格會比你先前購買的物品便宜。例如，你買了一萬韓幣（約新台幣二百七十元）左右的肉品之後，看到三千韓幣（約新台幣八十一元）的巧克力，這時候，三千韓幣的巧克力看起來就相對便宜。你先前購買的物品價格越高，看到收銀台前方擺放東西的價格時，隨價格增減的痛苦感會減輕，追加購買東西的機率就越高。例如，一個人先購買三千韓幣的物品，再加購三千韓幣的東西；另一個人先購買三十萬韓幣的物品，再加購三千韓幣的東西，兩者同樣加價三千韓幣，但相對的敏感度截然不同。這是因為，面對三千韓幣的價格，人們感受到的價值是與自身消費金額相對比較而來。

第二，入口故意做得很窄。收銀台的角色不僅是結帳，還包括盡可能防止消費者購買商品後又反悔的情況。因此，超市收銀台的入口都做得非常狹窄，讓人們得排隊。這裡最重要的一點是，當人們為了買東西而等待，潛意識會賦予購買行為稀少性。一種情形是等十分鐘才買到東西，另一種情形是不用等待就能直接回家，消費者主觀上會對購買的物品感受到不一樣的稀少價值。儘管如此，等待不是一定只有正面效果，因為等太久會讓消費者感到不安。如果你結帳時得站著排隊三十分鐘，大概會離開超市，去別的地方吧。這是因為「時間」要素在你的眼中，也是一種交換價值。如果我必須投資的「時間」，比起折扣得到的「價格」更具價值，就很有可能會離開超市，去其他家販賣欲購商品的超市。

排隊的另一個理由是，這樣人們會意識到後面有人。這一點，與其說是心理學因素，不如看作是利用了社會習慣。如果結帳過程中後方有人排隊等候，我們通常會為了後面的人，以比後方無人時更快的速度來完成結帳行為。這是因為我們認為，自己拖拖拉拉可能會害到後面的人。實際上，在街坊超市比較後方有人和後方無人的結帳速度，結果顯示有人時平均為七十四秒，無人時平均為一百零三秒。而且，後方有人等候時會比無人時出現較多更換或退還物品的情形。這告訴我們，後方的人是能夠讓消費者行動加快或有所不同的變數。也就是說，結帳的人會在後面有人時，潛意識下感到焦躁，就不會想到更換或退還物品。

第三，購買的物品在外側才看得到。在超市買東西，都是挑選好之後，結帳時由收銀員刷商品條碼，便把商品送到收銀台外側，因此，我們在外側才能看到購買的商品。這樣讓購買商品只能在收銀台外側、而非內側看到的做法，當然有收銀台工學設計的構造面考量，從心理觀點分析時，價格只能在外面看到的構造，迫使消費者只能將選購物品全部買下。原因在於，收銀員還有刷條碼的行動。雖然刷了條碼並不是不能更換，但是由於刷條碼的行動，消費者潛意識上會覺得物品已經成為自己所有，因此更專心享受購物消費的愉悅，勝於想要退換的心理。

精確來說，超市是一個經過精心設計，讓你掏出錢包、花更多錢結帳的地方。消費者是因為超市商品齊全、價格便宜而去的，但超市裡頭充分運用了超乎想像的人體工學與心理學要素，讓消費者購買更多的商品，甚至連不必要的東西也買。若是想要在大型超市避免過度消費、只買自己必要的東西，那就必須仔細察看裡頭運用了什麼樣的推力來誘導購物。

10 提升聚會型餐廳的翻桌率：從用餐時間到餐盤大小

每回有喜事、家庭團圓或情侶約會，就會前往聚會型餐廳。那裡除了有肉類、炸物、義大利麵等家中很少嘗到的飲食，還準備了蛋糕、冰淇淋等甜點，以及咖啡、茶等各種飲料。正在節食的人也可以在沙拉吧吃到新鮮蔬菜。但是，在聚會型餐廳用餐時，你是否有覺得納悶的地方？例如，為何在餐廳前方擺放椅子？為何每個人的用餐時間都有一個半小時或兩個小時等限制？這些都令人感到好奇。

事實上，從聚會型餐廳也能導出諸多心理學和社會要素，讓顧客順著餐廳經營者的期望動作。我們來看看其中運用了哪些推力。

減少用餐時間的推力

為了讓收益最大化，聚會型餐廳選用的方法正是「快速翻桌率」：必須讓客人快快吃完離開，減少下一位客人等待的時間，這樣才能在同一時間之內，接待更多的客人。翻桌率升高，意味著賣出量增加。我們假定以下情況：

你是經營一家聚會型餐廳的老闆，目前餐廳有兩張四人座的桌子，總計八人。原則上，客人接待以四人為單位。情況設定如下：

A：客人用餐時間一小時／正在等候的客人八位

B：客人用餐時間三十分鐘／正在等候的客人八位

A與B相較，翻桌率比較快的就是B。客人走出餐廳的速度比較快，所以在同一時間之內能夠接待更多客人。A每小時可以接待八位客人，B每小時可以接待十六位客人，亦即A的兩倍。

若是飲食的品質或服務等情況相同，聚會型餐廳的目標會是「減短客人的用餐時間」。原因在於，為了提升賣出量而使飲食品質下降，或者減少服務人力而導致服務品質降低，顯然都不是適當的做法，而且一有差池，品牌形象就很可能受到損害。這樣的話，聚會型餐廳運用什麼樣的策略來提升翻桌率呢？我們一起深入了解。

用餐時間限制的心理壓力

走進聚會型餐廳用餐時，通常會有服務生前來告知「時間限制」。一般商家的用餐時間限制為一小時三十分鐘或兩小時。為什麼要設定時間限制呢？真的有人一餐吃兩個小時嗎？經過直接調查，結果出乎意料，聚會型餐廳客人的平均用餐時間為六十五・七分鐘。算起來與實際時間限制約有三十分鐘至一小時的差異。考量到一般人的用餐時間，我們可以說，限制時間制度的主要目的不在預防用餐兩小時以上的人，而是藉由設定時間限制來向客人施加心理壓力。

若是運用時間限制，對於客人的心理認知就有「定錨」的作用。一旦定錨，客人的行動基準就會潛意識地配合兩小時的時間限制。舉例如下：如果考試時間是六十分鐘，我們就會努力配合在六十分鐘之內完成考卷確認、解題、填入電腦閱卷答案卡等。即使時間流轉的速度一樣，若是設定特定時間，人們會對這段時間賦予特定意義而後行動。設定錨點之後，人們會盡力在兩小時內快速用餐、離開餐廳，翻桌率會因此升高。結果，兩小時的時間限制不是真的要用餐滿兩小時，而是默默壓迫客人在兩小時不到就離開餐廳。

把餐盤變得又大又寬

人們吃到一定的量就會開始覺得飽。換句話說，人們在有飽足感的瞬間，大部分已經吃超過一定的量。與前述的餐廳限制用餐時間兩小時無關，只要讓客人覺得「肚子飽」，就能讓他們離開餐廳。那麼，要讓客人很快就有飽足感，該怎麼做呢？

去聚會型餐廳的自助區，就能看到又大又寬的餐盤。這個餐盤是讓你肚子飽飽的決定性要素。到底盤子的大小和飲食的量有何關聯？從人們在聚會型餐廳的行為，我們就能簡單一窺究竟。人們用空盤盛裝食物時，傾向整個裝滿。原因與相對飽足感有關。我們透過下面的例子來了解，假定盤內可以裝豆子的情況A和B：

A：在能夠容納一百顆豆子的盤子內裝入五十顆豆子

B：在能夠容納五十五顆豆子的盤子內裝入五十顆豆子

A與B盛裝的豆子同樣都是五十顆。但是由於大小不同，A看起來只裝了一半，B看起來幾乎盛滿。人們看到盛滿豆子的B，會比看到相對較空的A更有滿足感。把這個例子用在食物上，答案就變得非常簡單。使用大盤子的話，因為人們傾向把盤子裝滿，裝來吃的食物會比自己原本想要裝的量還多，因此更快就有飽足感，迅速離開商家的可能性也升高。聚會型餐廳使用又寬又大的餐盤，就是為了讓人們盛更多食物、更快離開的推力策略。人們拚命裝滿空盤，這樣一來就會吃得多、飽得快。

先用炸物填飽你

為了讓你迅速有飽足感，聚會型餐廳在陳列食物的自助區前端，放的不是沙拉或點心，而是油脂含量高的炸物。一方面，炸物的熱量高、吃多易膩，另一方面，聚會型餐廳的訪客通常剛進門都是處在肚子餓的狀態，最先看到炸物會夾很多，所以餐廳利用這兩點，讓客人快速就有飽足感。肚子餓的時候，主要是本能在支配我們的腦子，而非理性。理性思考的話，我們會選擇自己喜歡或美味的食物，但這時候變成選擇能夠快速解決肚子餓的食物。因此，在顯眼位置放上能夠誘發飽足感的食物，確實有助於提高翻桌率。

折扣優惠券其實沒那麼優惠

除了提高換桌率的推力策略之外，聚會型餐廳還有其他吸引人們光顧的推力策略。最近可以看到的模式是，聚會型餐廳透過各式各樣的優惠券誘導人們來訪，譬如善用社群網站的「一千韓幣抵一萬韓幣」策略就是代表性一例。換句話說，這個策略是讓人能夠用一千韓幣買到萬元價值的商品，獲得九〇%的折扣。事實上，這只是運用不同的表現方式，讓提供給消費者的優惠相對看起來較佳。實際上是這樣：

A：一人入場費二萬韓幣→折扣價一萬一千韓幣（四五%折扣）

A：一人入場費二萬韓幣→以一千韓幣購得萬元券（九〇%折扣）

這兩者其實是一樣的，都是獲得九千韓幣的優惠。不過，比起整體價格折扣四五%，消費者會覺得以九〇%折扣獲得萬元券更優惠。原因在於，九〇%的折扣幅度讓消費行為看起來更加合理化。消費者們是對價格敏感的存在。因此，消費者相對比較不會去計算整體價格，反而很可能受到高折扣的吸引而購買。

透過推力策略，雖然是兩小時的時間限制，我們反而比兩小時更快離開；迅速就有飽足感，結果無法吃到原先預期的量。因此，不要受到時間束縛，在無法戰勝閃現眼前的食物誘惑之前，請先繞場一圈看看。在聚會型餐廳的空間中，別一心想著要吃回本，選擇你真正喜愛的食物吃，這才是最佳策略，不是嗎？

11 吃到飽餐廳的邊際效益遞減：吃越多卻越不滿足

走在路上，寫著「無限續加」字樣的餐廳總是吸引著我。在荷包乾扁的情況下，我對吃到飽餐廳實在是滿心感謝。因為付同樣的錢，可以吃得更多。吃多少都不受限制，實在是頗具吸引力的選項。不過，因為說是「無限續加」，這會讓我們做出某種「特定行為」。但與其說我們是根據理性判斷而有此行為，不如說是受到經過設計的推力策略影響所致。若是這樣，無限續加一語中，究竟蘊含什麼樣的行為設計，讓我們在不知不覺中做出特定行為？我們一起來了解無限續加的說詞會讓人們做出何種行為，又促成何種結果。

無限續加是為了填滿「不足」

英文的refill一詞，由re（再次）＋fill（填滿）組成，意思是再度填滿某樣東西。這個詞主要用來指在國內速食店、聚會型餐廳、電影院賣場等處的飲料續充，最近概念更擴大用於表示續加肉類或辣炒年糕等食物。續加的理由很簡單，就是因為「不足」。人類出現不足的認知時，解決不足的傾向會非常強烈；續加就是企業善用人們這種心理而提供的一類服務。

例如，如果水杯的水全部喝完，想再喝一杯水時，本能會去淨水機取水，這是出於人類想要填滿不足的本能欲求。不足感，從想要滿足口渴、食欲、感到寒冷、感到炎熱等人類本能上感到的不足，到必須思考的哲學、夢想、選擇情況等需要思維的情形都廣泛適用。人們總是想要消除一時的不足欲求。意思是，如果我們能夠盡情喝水，口渴的不足感就會像是暫時從所處空間消失。

消除不足感的邊際效益遞減

兩種情況如下：

A：可以盡情吃餅乾，餅乾再怎麼吃也不會減少。

B：可以吃十片餅乾，吃完十片餅乾就沒有了。

吃餅乾的滿足感，究竟是A比較高，還是B比較高？以二百五十人為對象進行問卷調查，得出的結果令人驚訝。選擇A的人只有五十一名，也就是說，選擇無限量的人只占全體的二〇．四％。為何人們在只給十片餅乾的B情形有較高的滿足度，而非餅乾無限供應的A情況？

這可以用經濟用語「邊際效益」的概念來說明。所謂的邊際效益，係指財貨或勞務增減時，主觀評價的經濟效益（或價值）隨之變化的概念。一般而言，某人消費相同的財貨或勞務時，隨著消費增加，滿足感會遞減。例如，一個人覺得口渴，如果一直喝水，喝得越多，想喝水的欲望和滿足感就會下降。這種現象就是經濟學家口中的「邊際效益遞減法則」。

來看前面的例子，如果是餅乾無限供應的情況，隨著邊際效益遞減，對於餅乾的滿足感會逐漸下降。原因在於，目前的情況是持續經歷和體驗相同東西的情況。根據邊際效益遞減法則，選擇幅度越寬，滿足感下降的速度就越慢。雖然我們把擁有最多東西視為一生一世的夢想，但若真是無限量提供，我們的滿足感其實並沒有想像中的高。

食物種類非常少或非常多

吃到飽餐廳的特徵之一，就是食物種類非常少或非常多。譬如，在自助烤肉餐廳，肉類以外的其他食物種類其實不怎麼多。不過，聚會型餐廳等的沙拉吧食物種類卻達到數十種。為何如此極端呢？

理由是這樣的：如果食物種類放得少，人們專注在一、兩樣食物，根據邊際效益法則，消費食物的效益很快就會降低。因此，人們持續品嘗相同或類似食物，吃東西的滿足程度會逐漸下降，餐廳善用此一現象，把可以選擇的菜單品項減至最少。

反之，如果食物種類非常多樣，人們面臨眾多選項而承受壓力，最後會放棄選擇，集中只吃最愛吃的美食，這樣也可能降低邊際效益。雖然自助餐廳提供各式各樣的選擇，讓我們吃得痛快，但其實我們會放棄選擇，主要還是按照個人喜好選用特定食物。由於吃到飽無法調節和強求消費量，對於他們而言，這種形式的推力是非常有效的手段。

把食物放在廚房外側

吃到飽餐廳的食物大部分是在廚房裡製作，之後擺放在廚房外側，人們可以直接夾取來吃。這樣做的理由是什麼？這與選擇方面的心理要素有密切關聯。要說明這一點，必須了解人們對於自己選擇的東西、對於接收他人選擇的東西是否感到滿足。我們透過下面的例子來了解。

A：自己直接選擇肉量。

B：從廚房取來二百公克的肉。

一般而言，選擇A的機率很高，因為可以按照個人喜好調整肉量。因此，重點在於，即使A情況中裝盛的肉量少於二百公克，A情況還是比B情況更令人滿足。這種情形要如何才能解釋呢？

通常，人們傾向於高估自己的選擇，低估他人的選擇。因此，選擇主體自己選擇A，認為那樣是合宜的，此時無關盛裝食物的量，內心就是會感到滿足。滿足感提升，人們很快就能填滿對於不足的欲求；若是欲求得到滿足，人們會隨著邊際效益遞減法則而放棄續加。

吃到飽餐廳裡藏著利用人們心理的推力，所以真正的「無限」一詞並不存在。消費者造訪店家，「有限」滿足各自的額度之後便結帳離開；店長也是「有限」、而非無限地購買食材。只不過看起來一個人吃的份量多、食物擺得也多。

不過，使用「無限」、「續加」的字詞，看起來似乎選擇幅度變寬，所謂的CP值方面又看似合理，因此，人們依然會造訪吃到飽餐廳。而且，透過店家裡隱藏的選擇設計，消費者對於自己的選擇感到滿足，更快就有飽足感。

我們經常會想：「像這樣大量提供這麼多種類的食物，餐廳還有得賺嗎？」為餐廳窮操心是沒有必要的，他們其實有自己獨到的生存策略。

12 爆米花與電影院有什麼關係？消費行為的脈絡

電影給我們許多靈感。回顧電影中蘊含無數生命的意義，我們會流下眼淚、會露出笑容。然而，為了開心觀賞電影，消費金額其實比我們想的還多。我們去看電影，不知不覺就受到諸多壓迫，被迫必須買電影票、被迫必須買爆米花等。我們有必要回頭橫視一下這種情形。看電影時，究竟為何一定要買爆米花呢？為什麼我們選擇電影院，而非其他文化空間？其實，電影院處處藏有推力。而且，最近有時還會透過手機應用程式、廣告、宣傳策略來誘導消費。

比起過去，電影院的文化空間意涵更為強烈。最近它與遊戲、文化、音樂等融合，站穩了最佳複合設施的位置。劇院街正在變化。例如，為了怕有人無法參加上映前的電影試映會，多廳電影院CGV、樂天影城等遂把明星現場訪談形式的內容傳送到 Instagram 上宣傳。有時候，電影院內還設有拍照區，或者開放適合拍照上傳到 Instagram 的風格空間。

這印證了電影院不再是單純放映電影的地方，現正朝著「複合文化空間」的方向轉變。實際上，根據韓國電影振興委員會統合運作的電影院門票綜合電腦網路系統，二〇一七年電影院的訪客人數直逼二億二千萬名，刷新歷史紀錄。隨著電影院作為複合空間的需求升高，現在它不只是觀賞電影的地方，還兼備娛樂、購物、餐飲等各式各樣的產品，訪客可以在此同時做很多事情。大型電影發行公司配合這樣的潮流，將電影院宣傳為複合文化空間，設在百貨公司或購物中心的最上層或最下層，讓購物與文化能夠同時享有。我們可以解讀成，未來電影院的空間不再是單純放映電影的地方，它將融合多樣性的消費媒介，提供人們新的消費機會。

如同這般趨勢所反映的，最近幾年電影院開始入駐購物中心、百貨公司，甚至大型超市，誘導看電影的人購物、購物的人看電影，形成互利關係。現在我們來正式了解電影院裡藏有什麼樣的推力。

免費和限時隱藏的推力

二〇一九年二月，透過網路布告欄和KakaoTalk通訊軟體等，開始出現CGV折價優惠券外流的傳聞。聽說在CGV應用程式加入會員，輸入優惠券號碼，就能得到用七千韓幣（約為新台幣一百九十六元）看電影的電影票，人們遂分享外流的折扣優惠券碼，爭相下載CGV應用程式，加入會員之後索取優惠券。雖然無法得知娛樂媒體集團CJ本社和CGV方是否的確意見相左，但是這起意外事件明顯帶來招募到新會員和應用程式下載數增加等好處。最近類似的折扣活動採用與以往不同的說故事形式，用的是誘導人們做特定行為的策略。為什麼我們會被這種說故事的方式吸引，下載平時不瞧一眼的應用程式，還加入會員呢？這是「免費」和「限時」同時在刺激我們的欲求，誘導我們更快行動所致。

透過活動取得折扣優惠券，與意外情況下免費取得折扣優惠券，何者心情較好呢？人們通常以為免費取得東西時心情較好，但事實上，參加活動獲得補償時，更能感受到好心情。而且，由某種行為獲得補償所取得的東西，與運氣好免費取得的東西相比，人們消費後者的速度會更快。原因在於，免費取得的東西是我什麼也沒做就取得，所以表露的心態是「免費得到的東西，快點用掉也沒關係」，勝於節約惜物的心理。這意思是說，人們消費任何東西的決策，還會考慮到曾經付出的努力和費用。

A：禮物獲得五萬韓幣

B：工作賺得五萬韓幣

以上兩種選項中，什麼樣的錢會用得比較快？當然是A。免費得到的錢，人們不是把它直接加在總資產上，而是視為可以任意揮霍的錢。也就是說，人們不把免費得到的錢當作自己的資產。而且，折扣優惠券裡頭記載的期限，故意設定從核發日起算，須在短則一週、長則一個月內使用。這利用的是人們傾向於在有時間限制時消費得更快。

假設現在你獲得一張折扣優惠券，可以五折購買定價五萬韓幣的商品。假設你沒有想買該商品的念頭，A與B情形中，何者受到損失？

A：購買折扣商品。

B：錯過折扣優惠券的期限而無法購買商品。

從經濟的角度來看，A受到損失，因為A為不用的東西支出二萬五千韓幣。但是，人們通常將未能在指定時間之內以折扣價購買的B情形，視為受到損失。若是設定時間期限，人們會盡量以更快的速度消費免費取得的折扣優惠券。

爆米花背後隱藏的脈絡特性

爆米花是觀賞電影時的必需品嗎？當然，對於愛吃爆米花的人而言，不吃爆米花可能頗受折磨，但是除了這些少數人之外，爆米花只是單純讓看電影變得更有趣，並非觀賞電影時的必備要素。

就電影院的立場，爆米花確實比其他東西更具收益，販售爆米花之類的零嘴有助於提高獲利。同樣是觀賞電影，人們買爆米花吃，表示除了電影票費用之外，他們還在電影院產生額外支出。但是，如果沒有購買爆米花的必要性，人們很可能會對其視而不見。因此，電影院設定的策略是把爆米花塑造為看電影時的「必要食物」。

其中具代表性的策略，就是調整販售爆米花的賣場位置。電影院把爆米花賣場調整到緊鄰售票處旁。爆米花的製作過程可以直接看到，能夠予人視覺的刺激；爆米花的香味瀰漫在空中，再予人嗅覺的刺激。如此直接施予視覺和嗅覺刺激的做法，就是為了誘導人們能夠自然而然地「順手」購買爆米花。

而且，把爆米花賣場設在緊鄰售票處旁，人們不會覺得購買爆米花是獨立消費，而將之視為看電影過程的一部分。這種心理會賦予爆米花消費的必要性。簡單來說，從售票處走去爆米花賣場，不存在需要付出特別努力的距離，而是順著動線直接就能買到爆米花。這就是所謂的「脈絡特定性」。脈絡特定性的意思是，人們做選擇時，不是考慮個別性質後再抉擇，而是傾向根據變化中的情況，做出不同的抉擇。

透過下面的例子，我們重新檢視購買爆米花的動線，一起來想想看在什麼情況會消費爆米花、在什麼情況不會消費：

A：售票處↓爆米花賣場↓電影院影廳

B：售票處↓電影院影廳或爆米花賣場

若是像B情形，爆米花賣場與前往影廳的動線分開，購買爆米花的行為就會被認為是多費一道工、多出一筆開支。也就是說，不符脈絡的內容會被認為是「消耗性的行為」。為了防止這種情形，可以像A一樣把爆米花賣場設在前往影廳的動線上。爆米花賣場的位置，其實是善用自然脈絡，讓人們自然而然消費爆米花的推力策略。

以調整位置、連結脈絡來誘發消費的推力，不僅可以在電影院發現，其他地方也非常容易見到。在便利商店，拉麵後面是三角飯糰的販賣區；在文具店，筆記本旁邊擺筆，這些商品陳列背後都有全面性的動線考量。脈絡之所以這般重要，如前所述是因為消費者在消費時，並非獨立考量個別特性。

A、B和C同時存在時，我們並非一邊客觀考量個別效能，一邊決定要不要購買。依照個別的脈絡差異，購買要素也會有所不同。如果現有選項未順著一定脈絡，消費者判斷個別選項的檢視需要消耗心力，遂無法輕易決定購買。如果商品或服務的配置經過脈絡考量，消費者無須消耗心力，直觀便能掌握商品，購買商品的機率自然提升。

假設放映表上寫的電影時間是十二點，實際開始放映電影的時間卻是十二點十分。電影院在電影實際開始十分鐘前就讓人們入場，接著播放十分鐘的廣告，為什麼電影廣告不是在十分鐘前播放，而是在放映表上寫的電影時間播放呢？第一，這是體貼遲到者的一項政策。不過，更重要的，這是電影院為了讓眾人可以看到廣告，在人們入座等電影的時候，最大限度防止人們離開廣告（如去洗手間等）的策略之一。

電影院播出的廣告與電視廣告類似，都是不想看也要向觀眾曝光的廣告。電影院的特性是離開率低，但是人們還沒有全部入場時，播出廣告的成效不佳。因此，就在放映表上寫的電影時間，亦即齊聚最多觀眾的時候播出廣告。為了不讓人們從位子起身，電影院在放映廣告時，會穿插精彩動感的預告和電影院聲明公告等，誘導人們在電影開始前專注在放映的廣告上。

從進入電影院到離開電影院，我們都會遇到許多推力，大多在潛意識層面形成的心理戰就被打敗。當然，購買爆米花和飲料之後再去看電影，身體和嘴巴都很享受，但是我們應該要想到，花太多錢在不必要的東西上，其實會讓我們的資產受到威脅。我們要更加關注這些細節，消費之前要想想這真是自己需要的嗎？否則，來看一部電影，不知不覺卻花了十張電影票錢啊！

IV

誘導選擇的隱密推力

13 CP值的陷阱
14 藥妝店裡的稟賦效果
15 百元特價的詭計
16 超越經濟價值的咖啡店

13 CP值的陷阱：你看的是平均單價，還是總價格？

便利商店已經深入我們的日常生活。現在我們已經是肚子餓會去找便利商店多於找餐廳的世代。便利商店的三角飯糰、拉麵、便當等，可以取代一餐飯；我們日常生活許多東西都依賴便利商店。便利商店原本是單純賣東西的地方，突然開始出現用各式各樣折扣推銷的策略，最近更升格為與咖啡廳結合的複合文化空間。隨著便利商店的顧客人數成長，經營便利商店的企業徹底掌握消費者移動動線、喜好等之後，為了能夠更有效地運用推力，重新裝潢整修賣場的情形也日益增多。原因在於，顧客動線看似微不足道，對銷售卻有重大影響。那麼，周遭處處可見的便利商店，究竟裡頭隱藏哪些祕密，讓我們一個一個揭開來看。

三角飯糰的位置

便利商店的人氣品項三角飯糰，總是特別配合視線高度，陳列在顯眼醒目的位置。換句話說，便利商店考慮到顧客身高，把三角飯糰放置在顧客正視前方就能看到的位置。無論去哪一家便利商店，三角飯糰在哪裡，都不必東張西望就能輕易找到，這不是因為我們視力好，而是設計上就意圖讓人一眼可以找到。

人們在必須快速挑選某樣商品的情況下，通常不再深思熟慮，而是傾向隨本能在自己看起來最醒目的地方挑選商品。人們在必須快速做出決定的情況下，不是透過理性思考，從各種商品中選一樣，而是本能直接從眼前所見之處挑選東西。實際上，我們經常購買的拉麵、便當、三角飯糰等，都擺在顧客明顯可見、靠近收銀台的位置。即食食品和碳酸飲料等也一樣。尤其是啤酒和燒酒之類熱銷的酒類商品，會放在更顯眼的位置。

為何唯獨啤酒有折扣？

便利商店最常有折扣優惠的品項，就是「啤酒」。啤酒類常見的情形是，新款啤酒或進口啤酒等我們較不熟悉的啤酒，會比暢銷商品更容易有折扣。理由很簡單，消費者潛意識習慣聚焦在價格相對低廉的商品，為了引出消費者對於新啤酒的好奇心，新商品會比現有暢銷商品附上更多折扣活動。實際上，透過折扣制度，產生好奇心的人消費新啤酒，銷售量會隨之增長。因此，在便利商店等販售酒類的地方，銷售不佳的啤酒會按種類制定買「四罐一萬韓幣」（約新台幣二百七十元）的折扣政策，促進銷量不佳商品的銷售。

每個季節變換商品陳列

便利商店每個季節都不惜辛勞地變換店面的商品陳列。原因在於，人們購買的商品會隨著季節而有差異。那麼，每個季節的店面陳列如何變化？什麼商品賣得好呢？

首先，春天時，為了應付沙塵暴和懸浮微粒，隱形眼鏡清洗液和漱口液用品等庫存增加，陳列面積也擴大。其中，最熱銷的口罩會陳列在顧客清楚可見的店面正前方。在夏季，戶外活動正式開始，架上會陳列涼蓆和防曬霜等化妝品，還備有盒裝餅乾等方便外出攜帶的零食。休假期間，旅行用盥洗用品等度假必需的衛生用品會陳列在顯眼的地方。而且在這段時期，微波白飯、調味料、罐頭食品等銷售遽增，因此也會反映在店家的陳設上。還有，夏天加冰塊的飲料銷量大，把冰塊配置在店家前方有助於提高消費。另外，把除臭劑擺放在店家前側，也是在誘導人們自然而然購買商品。像這樣按照季節把最熱銷商品放置在顯眼平台的策略，目的是讓需求升高的商品銷售最大化。

1＋1真的賺到嗎？

便利商店透過各種1＋1、2＋1的噱頭促銷產品，誘導消費者購買該商品。為什麼多給一個時，我們就會受到吸引呢？事實上，透過1＋1促銷策略買東西的人，不是需要兩件物品而買，而是由於單一價格就能買到兩件，受到這一點吸引而購買。人們潛意識裡會去計算CP值，判斷以相同價格買兩個比買一個好。

如果想購買的商品是二千韓幣，人們比較有無1＋1促銷活動時，對於產品的想法如下：

A：一個二千韓幣

B：1＋1個二千韓幣→每個一千韓幣

結果，我們檢視運用1＋1促銷策略的商品時，不是從商品的效用或需要數量去考量，而是估算「每件價格」，選擇相對看起來比較便宜的一邊。實際上，如果仔細觀察1＋1促銷商品的周邊，大多旁邊陳列著類似商品或價格相同的商品。此一做法是利用人們傾向於根據特定「脈絡」而非「效用」來選擇消費。例如，假定是購買一千韓幣的物品，打算要買的東西和一起陳列的類似商品價格如下：

A：二百韓幣／五百韓幣／一千韓幣

B：二千韓幣／五千韓幣／一千韓幣

倘若要購買的東西是一千韓幣的物品，比較兩個選項時，A情形的消費滿意度較低，B情形的消費滿意度較高。儘管是同一商品，消費滿意度相異的原因在於，購買物品的價格（一千韓幣）與鄰近標出的相對價格。我們知道，人們消費商品是根據相對情況，而非商品的客觀效用價值。1＋1促銷商品也一樣。像A情形，價格便宜的商品在旁邊時，選擇1＋1促銷商品的人不多。但像B情形，價格相同或更貴的商品陳列在1＋1促銷商品旁邊時，購買的滿意度會相對上升，消費者認知上可能覺得撿到便宜，視之為合理消費。便利商店利用人們這樣的心理，在促銷活動商品兩側擺放價格相似或更貴的商品，藉以誘導顧客選購。

「平均單件」價格，而非總價格

此外，便利商店的促銷活動商品通常是標示「每件價格」，而非「總價格」。為什麼只標示每件價格，不讓顧客知道總價格呢？這是因為人們即使在相同情況之下，可能會隨著不同的訂價方式而有不同的選擇。我們來想想看，假設你需要三百六十五萬韓幣的一年保險，這裡有兩種訊息：

A：一年三百六十五萬韓幣，保護您自己。

B：一天一萬韓幣，保護您自己。

事實上，兩個選項都是指三百六十五萬韓幣的保險。也就是說，兩個選項在功能層面並無差異，但是，人們會隨著訂價方式不同，做出不同的選擇。實際上，以一百人為對象進行調查，選擇A情形的人只有十九名，即一九％；選擇B情形的人則有八十一名，即八一％。由於B說法的價格負擔感較小，所以獲得較多人選擇。

促銷活動的商品也一樣。一個二千韓幣的商品以2＋1的方式促銷時，我們可以從兩種選項擇一：

A：以總計四千韓幣的價格購買三個。

B：每個二千韓幣的商品，買兩個送一個。

相對來說，人們心理上的負擔感是B比A小，因此，人們選擇B的機率比A高。總之，標明個別單價的理由在於，這樣人們面對價格的心理負擔較小，是更能誘導人們選購的推力策略。

以上我們大致檢視了數種推力。當然，便利商店存在的推力比這裡討論的更豐富多樣，落入推力的圈套，我們就會買下商品。即使在便利商店的狹小空間，也隱藏著無數縝密的銷售策略。說不定便利商店正是推力寶庫，隱藏著各種反映顧客行為的縝密推力，不是嗎？

14 藥妝店裡的稟賦效果：提高商品與人的親密度

每走一段就會遇到的店家，一是便利商店，一是咖啡廳，還有就是販售化妝品、醫療用品、食品的藥妝店。化妝品現在吸引的客群，重視美感勝於單純的機能價值，定位朝向文化領域。過去認為化妝品是女性專屬，隨著男性關注美容的情形漸增，男性美容產業成長，男性能夠使用的化妝品也增加。現在，化妝品賣場不僅販售男性專用化妝品，也販賣男女皆可使用的香薰精油、香水、護膚乳液等。可以說，藥妝店正處於這股熱潮的中心並不為過。

藥妝店如何進入我們身旁，裡頭隱藏了什麼誘導消費的機制？還有，我們在這個空間裡根據什麼樣的選擇設計來進行消費？我們來做心理學上的分析，尋找藥妝店中的推力。

令人好想裝滿的購物籃

人們看見空寶特瓶會有什麼反應呢？根據匿名手機應用程式的問卷結果，大多數看到瓶子的人表示想把寶特瓶裝滿水。這是人們「想要裝滿的欲望」。人們看到任何空的東西，就有想要裝滿它的本能欲望。

大多數的藥妝店會在入口右側擺放小型購物鐵籃，我們下意識就會拿起來。提供購物籃目的，一方面是方便顧客購物，但另一方面，這是刺激人們想要把空物裝滿的本能，讓人們想要把籃子裝滿的一種推力。我們進去賣場，如果看到購物籃，下意識就會提起一個，然後開始購物。就算是只要買必需品的情況，受到潛意識下想把手提購物籃裝滿的心理壓迫，仍可能造成過度消費。單純手提籃子的行為，就會讓人在賣場待得比預期久、消費得比預期多。

試用化妝品的價值會比原先高

在藥妝店能夠體驗的代表性商品有塗抹嘴唇的口紅、噴灑身上的香水、描畫眼睛輪廓的眼線膏等。化妝品愛用者多半對於色彩極為敏感，尤其在女性化妝品中，口紅商品特別反映了此一傾向，提供的色彩多達十二至二十種。而且，任何色彩的樣品都會展示在現場，提供可以實際體驗的服務。

擺放樣品的理由是什麼呢？因為這是稟賦效果的表現，即使沒有購買商品，單單只是體驗樣品，就能賦予商品高價值。稟賦效果意指自身擁有物品，甚至僅僅暫時持有物品，都有主觀評價高於物品價值的傾向。運用稟賦效果的代表性事例，正是體驗行銷。譬如，帝恩采（Dimchae）泡菜冰箱在一九九六年產品上市初期，募集約二百人的品質評價團，給他們免費試用泡菜冰箱三個月之後，再決定是否購買。結果令人驚訝，沒有一人取消購買。我們可以解釋說，評價團在使用帝恩采泡菜冰箱期間，給了產品較高的價值。

藥妝店擺放樣品的理由，其實有著異曲同工之妙。如果商品的顏色或種類繁多，要挑選的選項數就會變廣。選項數越多，顧客容易遇到選擇困難而放棄消費的狀況；為了防止這種情形，藥妝店讓顧客能夠直接體驗商品，目的是誘導顧客找到喜愛的商品，進而消費。而且，若是顧客在體驗過程中找到適合自己的顏色或香味，會把它視為「屬於自己的東西」，持續購買該藥妝店品牌的商品。就該產品而言，這也是能夠確保忠實顧客的方法。總之，我們可以把樣品和體驗視為一種推力策略，誘導顧客找到適合的商品且據為己有。

功能性商品擺在內側：提高相對必要性

經常化妝的話，無法排除長痘痘的可能性，這時候，可能會想到要使用面膜。藥妝店有販售面膜，但是大多數都擺在賣場內側，為什麼這樣呢？只要在藥妝店觀察消費者的使用者經驗（User Experience），就很容易理解。

一般賣場的使用者經驗是，進入賣場檢視物品，再到收銀台結算購物費用的過程。這裡重要的是，藥妝店收銀台的位置是在賣場內側。因此，人們從進門直到走去收銀台，會往前或往旁邊走。賣場的前方有香水、唇彩等化妝品必備要素。這裡購物完畢，下一排就有面膜或其他改善皮膚狀況的功能性商品。

大部分的人認為皮膚健康情形不佳時，就會在化妝品以外，考量到面膜這類商品。因此，顧客看到有助改善皮膚的功能性產品時，就會視之為必需品。人們經常一邊買化妝品，一邊買面膜，原因便是如此。我們可以說，這是利用相對位置的一種推力。

故意讓人排長隊等候的理由

在藥妝店購買商品時，除非人很少，否則經常得排隊五至十分鐘。讓人排長隊等候的理由是什麼呢？這樣做的目的是讓退換貨相關問題最少化，消費者在購物過程中感到滿意，退換貨比率就會減少。消費者為了購買商品，經常要等待，卻不常聽到店員附加說明：「不可退換貨」、「七日之內請帶著收據來」。原因在於，購物本身的等候時間越長，比起聆聽附加資訊再合理判斷，人們心裡更想要快點買好、離開賣場。因此，人們在藥妝店決定好要購買的東西，也要經過數分鐘的等候，才能結帳離去。

在藥妝店，務必審視要買的物品，再次慎重確認。比起商品的絕對必要性，藥妝店更重視的是徹底連結消費者前後看到的商品，打造相對必要性誘導人們購買。由於這股推力，消費者增加消費的可能性更加升高。

只購買必要的東西，過程並不容易。但想要合理消費，就必須考慮自己真正需要的東西。你今天為了購買化妝品而進入賣場，是否買的東西比自己預想的還多？請仔細看看你的購物籃，不知在欲望面前，你是否比自己所想的更為軟弱呢？

15 百元特價的詭計：「心理帳戶」讓人買更多

我收到一封電子郵件，不知內容是什麼，仔細一看，原來是廣告一百韓幣（約新台幣三元）的漢堡套餐。我很好奇是不是真的，於是進入該網頁，把物品放入購物車計算看看，真的只要一百韓幣！網路上逛一逛，不時可以發現一百韓幣的特價商品。儘管內心懷疑百元的價格過度便宜，還是立刻就按下結帳鍵。不過，你知道企業運用「百元交易」，其實有數種誘導消費者的詭計嗎？用幾乎免費的價格來販售商品，背後究竟隱藏什麼策略，讓我們一起來了解。

百元交易和促銷活動

我們仔細來看百元交易活動，通常它不限於販售特定商品，而是與「黑色星期五」、「〇〇日」之類形式的促銷活動一起進行。促銷活動的特色，就是讓顧客能以低廉價格買到各式各樣的商品，所以會吸引非常多人。面對平時因價高而買不下手的商品，消費者會認為這是購入良機而衝動購買。

其實，一百韓幣的金額有其象徵意義：「不是免費，但也不像是收費。」不知道過去用一百韓幣是否能做很多事情，但現在用一百韓幣，能做的事情屈指可數。人們覺得擁有一百韓幣「不是壞事，但也真的沒啥好處」。簡單來說，一百韓幣金額的價值已經變得非常低。但這裡重要的是，價值再怎麼低，都不是免費提供。由於加上一百韓幣的特定條件，而非免費贈送，就能避免商品價值完全消失。

A：手機殼免費

B：手機殼一百韓幣

看到這兩個句子，你有什麼想法呢？A情形的手機殼價值為「免費」，人們會覺得它品質大概不怎麼好，拿到也只是累贅。但看到B情形則會想：「這個促銷活動的折扣超級優惠」，或「正好有零錢，買來看看好了」零韓幣與一百韓幣的金錢價值差異不大，但消費者對於金額的認知卻出現大幅差異。

百元交易運用在公共服務上的實例也越來越多。全羅南道光陽市目前正以小學、中學、高中學生為對象施行「百元服務」，目的是活化市內大眾運輸，以及減少學生的市內公車車資負擔。施行之後，對使用者進行統計，結果顯示每月平均增加五百多名使用者，大眾運輸的使用率上升。而且，專為交通不便偏遠村莊居民施行的百元計程車制度，也獲得市民的廣泛響應。

讓錢在不同情境有不同價值的「心理帳戶」

百元交易最重要的機能，不在提供消費者低廉商品，而是消除顧客在購買其他商品時的反感。為了幫助理解，簡單舉例如下：

A：購買二萬韓幣和五萬韓幣的商品。

B：以百元交易購買二萬韓幣的商品，以及購買五萬韓幣的商品。

在兩種情況支出的金額如下：

A：二萬韓幣＋五萬韓幣＝七萬韓幣

B：一百韓幣＋五萬韓幣＝五萬零一百韓幣

我們來仔細檢視這兩種情況。在A情形，購買比二萬韓幣還昂貴的五萬韓幣商品時，消費上會產生負擔感，原因在於總價格達七萬韓幣，且五萬韓幣商品比二萬韓幣還貴。不過，在B情形，原本二萬韓幣的商品以一百韓幣購得，心裡會想「省了一萬九千九百韓幣」。這裡的重點是，顧客在購買其他商品時，會認為自己得到同等金額的折扣。換句話說，我省下的一萬九千九百韓幣，不是沒有要用的錢，而是定義為「原本買東西時要用的錢」，再以某種形式來使用這筆錢。這樣的現象，套用行為經濟學的術語，稱之為「心理帳戶」。

心理帳戶指的是物理上具有相同價值的錢，隨著錢的出處、保管場所和用途不同而區別使用的行為。實際上，同樣是一百萬韓幣，人們是在路上撿到或工作賺得，消費傾向也隨之不同。如果是在路上撿到的錢，由於未付任何代價就輕易取得，這筆錢會全部用光；辛苦工作賺得的錢，因為是以勞動為代價而取得，這筆錢會節省不用。還有，年底返還的稅金被視為白白撈到的錢，很容易就會花掉；如果是從繼承遺產得到的錢，就不會好好運用，這些全都是心理帳戶作用的緣故。大體上，心理帳戶會如此扭曲合理的消費傾向，助長不合理的消費型態。百元交易不只是百元交易，消費者平時感到猶豫或不太會做的行為，因為被非常低廉的百元價格驅使，購買障礙很容易就消除。

自己不知不覺加入會員

要在線上商店買東西，一定要經過的程序，就是「加入會員」。事實上，會員來訪人數是線上商店最重要的成長指標之一。想想看線上購物中心的顧客人數多寡，很快就能理解。人多的地方生意好，還是人少的地方生意好？當然訪客人數越多，賣出提升的機率就會增加。

從表面看來，會員人數多不是一件壞事。訪客人數越多，商品販售的機率升高，同時，商品販售者也會因為訪問人數而找上門來。也就是說，會員人數增多，不只是單純的訪客數增加，還意味著販售者增加、廣告合作增加、搶先占領市場等。線上商店無法強制消費者加入會員，因此，透過具吸引力的折扣策略，可以誘導消費者自然成為購物中心的會員。百元交易與其他商品不同，非會員是無法購買的，為了撿便宜，再麻煩的填資料手續都會願意做。

不知不覺同意線上商店的行銷策略

不只是加入會員。我們也在不知不覺間，自然成為線上商店的行銷對象。這是因為你在加入會員時，下意識輕忽了「是否接收電子郵件、簡訊通知」的詢問。你加入會員時，是否填入了身分證字號、手機驗證碼、住家地址、手機號碼等，漏了確認是否接收簡訊呢？人們通常認為加入的程序很麻煩，想要趕快完成。之所以有這種想法，不是因為會員加入的程序複雜，而是由於曾經加入不同網站的會員很多次。不斷重複制式化的程序，會讓人們感到厭煩，認為它枯燥無聊。

此外，用一百韓幣的超低價格就能買到商品，這一點讓人感到心急，未注意看清楚加入程序，遂勾選同意接受，完成會員加入。雖然人們會想，即使收到電子郵件或簡訊也沒有損失，反正只要刪除就好，但是同意接受的這個舉動，無異於願意在每回個人商品推薦或進行折扣促銷活動時，成為店家的潛在顧客。也就是說，即使不是百元交易，在未來進行的折扣優惠券或半價促銷活動等，都可能積極參與消費。

線上商店想要的是潛在顧客。忠實顧客雖好，但潛在顧客越多，可以帶來的整體行銷效果越大，且可帶來長期銷售。因此，具吸引力的銷售政策背後，有著擴大會員加入和確保行銷母數[15]的詭計。

當然，一百韓幣的價格，比起原價來說是非常低廉的，這類促銷活動大多是以首購者為對象，消費者會有「我只買這樣東西，一買完就再也不用了」的想法。鞭策自己這樣消費固然是好現象，但還要注意別因心急，實際上卻忽略了同意行銷等瑣碎細節。從按下接受的瞬間開始，折扣活動商品的相關電子郵件就會陸續寄來給你，只要你對眾多郵件其中一封有所反應、買了東西，線上商店的行銷策略終究奏效，透過百元交易達成了招攬顧客和增加銷售。

找回休眠顧客的心

我們再看一次百元交易的條件。活動條件中明確指出：「限新顧客與距前次購買已逾一年的顧客。」線上商店如此明示，實為減少休眠顧客人數，誘導休眠顧客來店消費的推力策略。也就是說，這是重新喚回離去顧客的推力。從企業的立場來看，消費者一年之內未曾購買商品，便是他已前往其他平台或實體賣場的一項證據。若不是無意在該線上商店購買商品，怎麼可能一年之內都沒買東西呢？這樣的話，要如何把他們再度喚回？用電子郵件懇切籲請他們回來嗎？人們比所想的還要忙碌、懶散，根本無暇看這樣的電子郵件。與其發送顧客連看都不看的電子郵件，不如透過能夠立刻吸引消費者視線的企劃來喚回顧客的心，這樣的策略更為自然有效。

為了讓轉往他處或棄用平台的休眠顧客回心轉意，企業準備了更多的優惠和折扣券；百元交易的做法，就是用致命的誘惑吸引消費者再度重返網路商店。之所以要再度喚回休眠顧客，理由如前所述，網路商店

15 譯注：表現出母體特性的量值。

的顧客人數在某種程度上是具有影響力的數值，同時，這也在確保實值活動的顧客量。

把五千韓幣的商品降到百元超低價來販售，這樣還有利潤嗎？當然沒有。一般來說，進行這類促銷活動不是為了收益，而是出於行銷考量。簡而言之，網路商店以百元交易為媒介，善用心理帳戶來擴大購物中心的會員數和行銷對象，以及再度喚回離開的顧客。也就是說，犧牲的利潤，就是他們用來購買顧客的行銷費用。世界上哪裡還有如此成效顯著的推力！毫無強制動作，就讓顧客自己主動宣傳和參與促銷活動。

16 超越經濟價值的咖啡店：桌遊、親子和書香

不知從何時起，我們開始把咖啡館視為一種文化空間。同時，咖啡不再是單純的飲料，它被用來作為對話的媒介，有時作為禮物的媒介。隨著對咖啡相關認識的變化，咖啡館也從單純販售咖啡的地方，變成能夠享有各種文化生活的空間。配合這個現象，在咖啡館消費咖啡的機制同樣也在發展。

一九九九年，韓國梨花女子大學前方的星巴克咖啡館一號店開業。當時所謂的咖啡，不是指原豆咖啡，而是自動販賣機咖啡或即溶咖啡，在那個時代，還很難想像可以在外頭買原豆咖啡來喝。在咖啡館喝咖啡、付咖啡錢比飯錢還貴的行為，只是部分有錢年輕人的專利，不時會受到過度奢侈的批評。但是，以二〇一六年為基準，韓國星巴克的店鋪

數高達世界第六，韓國人一星期喝咖啡的次數達到十二次。也就是說，每天會消費一至二杯咖啡。

韓國咖啡館源於茶房文化。韓國從日本殖民解放之後，茶房店家數持續增加，尤其是一九七〇年代以後，茶房大量座落在首爾等各地火車站或巴士站周邊，提供火車或巴士候車者消遣的空間。此時，ＤＪ首度登場，造就音樂茶房的全盛時期。到了一九八〇年代，年輕人對於茶房的熱愛依然不變，這個空間甚至進化成為夢想著民主化的熱血青年催生民主抗爭的空間。不過在一九九〇年代，由於咖啡自動販賣機的普及，以及高級咖啡專門店的增加，茶房面臨走向衰敗的命運。

現在，咖啡館是一種文化空間。人們有時在咖啡館自習，有時進行各種聚會，或者情侶約會。自從咖啡店出現之後，人們越來越重視咖啡專門店的「形象」，更勝於咖啡本身，於是咖啡館逐漸蛻變成為文化空間。對於當時想要擺脫圖書館沉悶景象的大學生來說，咖啡專門店的高級氛圍深具魅力，足以吸引他們的腳步。在咖啡館裡，不必像在圖書館一樣屏息噤聲，也不需要看別人的臉色，輕鬆自在的氛圍很吸引人。從此，以年輕人為主要客群的咖啡館迅速發展，現在則可在咖啡館看到各式各樣的人，有的人打開筆電在做作業，有大學生攤開厚重的專業書籍在認真研讀，還有上班族正在處理拖延未完的業務。此外，還有一併提供安靜座位和書籍的書香咖啡館，提供孩子遊戲空間的親子咖啡館，提供各式各樣桌遊的桌遊咖啡館，這些把咖啡館與各種要素結合的文化空間，廣受人們喜愛。從單純咖啡專門店重新蛻變成文化空間的咖啡館，藏有什麼樣的推力呢？

花錢還認為自己賺到的外帶折扣

為了提高外帶飲料的購買率，許多咖啡館實行在出勤或午餐時間享有外帶折扣的制度。折扣僅限於出勤或午餐時間，理由是在訂有特定時限的情形下，人們更會允許自己的購買行動。如果看到「下午二點以前購買外帶咖啡就享有售價五〇％折扣」的文句，你顯然會這麼想：

A：購買咖啡＝以五〇％折扣價買到咖啡。

B：不買咖啡＝未能享有五〇％折扣而覺得受到損失。

若是明確指出時間限制，人們沒能在時限內買到時，就會認為自己受到損失。但是，換一個角度來看A和B情形，就能明白了解損失的是什麼東西。

A：支付咖啡費用。

B：未支出任何費用。

從經濟上來看，B情形未支出任何費用，所以有利益。但是，人們並非僅從合理、經濟的面向來判斷，而是帶著感情做出結論，因此很容易就陷入賣方的推力。

A：能夠便宜喝到咖啡，所以有利益。

B：錯失便宜喝到咖啡的機會，所以沒有利益。

看上面的例子就能知道，比起經濟利益的考量，人們更重視便宜買到東西。我們之所以會這樣想，原因是咖啡只在特定時間才能打折，因此增添了稀少價值。結果，我們就陷入時間限制的推力，買了「不買也沒關係」的咖啡。

菜單編排的企圖

去咖啡館一定會見到的菜單，其實也存在推力。咖啡館最想賣、最希望人們點的菜色，會寫在菜單的最上方。這是根據人們視線會從上面看到下面的心理特性。

如果咖啡館是以美式咖啡等比較便宜的飲料為主打，菜單上會把昂貴菜色放在下方，價格相對便宜的菜色放在最上方。菜單這樣放的話，顧客會認為餐飲的價格不貴，購買的負擔感會減輕。反之，高級咖啡館的菜單最上面放的是高價菜色或新產品，而非美式咖啡之類的低廉飲料，目的就是要引誘顧客的好奇心，進而消費。所以我們可以知道，菜單上的菜色配置大多是有意圖的，隨著咖啡館的特性不同，菜單配置也會不一樣。例如我們假定某一設施的使用票券如下：

一般券：一萬韓幣

普通券：二萬韓幣

尊榮券：五萬韓幣

如果商品順序是從低價開始排列，人們會以最初視線所及的項目，也就是最上方一般券的價格為基準，來考量是否購買商品。這樣以低價為基準時，人們購買一般券或價格高一級之普通券的機率較高。然而，如果是這種排列方式的話：

尊榮券：五萬韓幣

普通券：二萬韓幣

一般券：一萬韓幣

如果是把價高者擺前面，人們購買普通券或尊榮券的情形，會比購買一般券來得多。因為先看到尊榮券的價格，就會以它作為購買的價格基準，先看到高價格的話，反而會認為低價商品無法提供令人滿意的服務而心生抗拒。所以只是商品選項的排列不同，消費者的行為就有一百八十度的轉變。

為顧客製作專屬餐點

包括星巴克在內的連鎖咖啡店，最近推出了「專屬餐點」的服務。這項服務與一般飲料不同，最大的優點是可以按照顧客的喜好來調整甜味和苦味等，製作出恰好符合自己口味的食物。這類服務會對消費者表現出「稟賦效果」，讓人覺得專屬餐點比其他餐點更珍貴。

專屬菜色是經過「精心」製作的飲料，飲料就會被賦予更高的價值，如果價格相同，自然會偏好讓自己感到更滿足的東西。一旦賦予這般特殊價值，飲料便不是喝一回就結束，為了重複感受先前的滿足感，就會再度造訪同一店家。專屬餐點，其實是能夠讓顧客自己持續消費特定選項的一股推力。

咖啡館慢慢在進化中。為了把咖啡飲料塑造成為生活必要元素，而非選擇性要素，咖啡館企劃和實行各式各樣的推力，我們對於這些推力也反應熱烈。跟隨潮流變化雖好，還是要想想看自己是否在不知不覺中改變了看待價格的基準，做了不必要的消費。

V

施展各種推力的企業行銷

17

為何會有復古熱潮？「刻意降級」的策略

不久前還是俗氣代名詞的「喇叭褲」，轉眼成為所謂「時尚人物」絕對不可或缺的時尚單品。它經常出現在藝人畫報或日常時尚，走過街上也可以看到很多人穿。最近韓國陷入一股「復古熱潮」，從時尚到音樂、攝影、電影，復古氛圍擴展至文化全面。

關於回憶，只記得正面的部分

流行趨勢總是周而復始。過去曾經風靡一時的事物，被新潮事物後浪推前浪捲到歷史角落，再隨著時光流轉，重新受到注目又再度流行。對於過去，人們傾向於只記得正面的部分，這是一種自我防禦機制。如果只回想負面記憶，可能會罹患憂鬱症等精神疾病，因此，為了精神健康，人們潛意識會只記得對自己有利且正面的過程。而且，人們的學習具有狀態依存性，記東西不只記得什麼狀況或事實，情感等也會一同記憶。因此，回想童年事物時，自然會感染到正面的情緒。由於這樣的效果，想要逃避到某處時，只要回憶過去，壓力就能紓解。

根據一項實驗，在回憶過去時進行腦部攝影，腦部活化的部位與賺錢或高升時腦中活化的部位相同。也就是說，回想過去時，同時會喚起溫暖、安適、幸福之類的正面情感。因此，回想過去會帶給我們良好的感受。

復古，能夠誘發對於過去的思念。事實上，它是企業相當喜愛的素材，因為這個方法已經驗證，在短時間內運用小筆投資，便能提升品牌知名度和廣告效果。人們內心蘊藏著討厭變化、希望維持原狀的心理，傾向於保持現狀。人們各有自身好惡，吃飯到常去的餐廳、點常吃的菜，比起嘗試新冒險，人們更偏好省下變化產生的機會成本。

在這方面，回憶看起來比較傾向於維持現狀。人們喜歡回想過去的日子，偏好既存的、熟悉的東西，更勝於追求變化、嘗試新東西。因此，用回憶作為素材的商品，當然會比新商品獲得更大的迴響。若是這樣，企業運用什麼樣的策略來喚起對於過去的思念呢？

刻意降低功能

復古的核心推力是「策略性降級」。所謂策略性降級，指的是把軟體或硬體調回更舊的版本。在技術持續不斷發展的時代，重回昔日版本的做法令人難以理解，但恢復人們記憶確實能夠創造出利潤，所以是經常用在軟硬體上的策略。實際上，蘋果公司上市的MP3播放器iPod Shuffle，正是全球賣出一億台以上的人氣商品。iPod Shuffle的功能單純，除了隨機播放音樂的功能，別無其他。儘管無法選擇自己聽什麼音樂，但它擁有能夠讓人專注在音樂本身的特性，所以曾經大受歡迎。

這個例子可以讓我們清楚看到運用策略性降級的理由。這個策略具備喚起消費者舊時回憶的功能。例如，iPod Shuffle提醒人們憶起「不看液晶螢幕，只聽音樂的時代」。喚起過去，會讓人們想起當時自己擁有的「純真」、「尚未改變的自己」，如此契機反而提升人們購買商品的滿意度。

向底片機致敬的Gudak

一次用底片相機在數位相機普及之後就數量遽減，成為不易覓得的舊物，不過很多人到二〇〇〇年代初期都還在使用。當時，底片相機適用的照片數量約為二十至二十五張；用數位相機照相的話，記憶體容量僅約三十MB，只能儲存寥寥幾張照片。此外，請照相館沖洗照片，需要等候三至五日才能拿到照片。它不像數位相機，無法照完立刻就確認；它沒有調校功能，如果照片拍得太亮，或者照相時有人眼睛閉起來，也無法再度重拍。活在今日這個時代的人，為了拍到一張滿意的照片，可以用智慧型手機自拍數百張以上，若要他們只用底片相機，應該有頗多人受不了。

與這股潮流逆向而行的，正是「Gudak」。Gudak Cam幾乎完全體現了底片相機的概念，用Gudak應用程式拍攝的照片，足足要花三天才能確認。應用程式開發團隊判斷，像現有的照片編輯應用程式一樣，只強調商品功能特色很難做出差別化，基於想為拍照行為本身賦予價值的心理，他們決定製作一個應用程式向「底片相機」致敬。不過，此舉也無異於指示人們「請用底片相機來留下回憶吧」。

若是理性的人，通常偏好具備豐富編輯功能的應用程式，勝於模擬二十四張底片相機、但使用不便的應用程式。在智慧型手機相機成為主流的情況下，與時代背道而馳是相當魯莽的舉動，且是非常可能失敗的策略。但Gudak發現人們單純照相的舊日底片風格之下，有著修正照片無法感受到的興致盎然。雖然運用照片編輯工具，很快就能取得一張美照，但是取得美照的情感，最長也只有五分鐘就消失。

Gudak具體展現底片相機的特色，目的就是要讓懷舊心情達到極致，讓人重溫回憶的關鍵做法是，確認照片要隔「三天」的時間。他們設定三天的時間，理由很單純，因為過去照相館沖洗照片需要的時間正是三天。他們希望人們喚起過去回憶，對於Gudak感到滿意，就會成為熱血用戶；果然按照他們的策略，人們從中體驗到高度滿足感，開始主動宣傳產品。Gudak雖然沒說「底片相機的回憶比智慧型手機更美好，請試用看看」，但是設定三天時間可以讓人重溫昔日回憶，人們自然會向Gudak Cam靠攏。

人們總是認為自己的判斷是基於理性，但有時候，其實決定是基於看不見的個人傾向，與理性有段距離。了解到運用回憶的推力能對我們造成什麼樣的影響，便能明確認識到，我們的選擇並非總是基於理性，有時還是側重感性。

18 新商品要有夠大的誘因：汽水搭配便當的魅力

我最近難得想吃漢堡，便前往速食店，看菜單準備點餐時發現有新菜色，目前上市慶祝活動的特價，差不多是原本想買的漢堡單品價格。一看到價格便宜，我就有點心動想冒險，不知怎的開始覺得新菜色看起來很好吃，考慮一番之後決定購買新餐點。

損失迴避心理

不僅速食店如此，許多餐飲店也會在推出新菜色時進行促銷活動。有的地方會給予五〇%折扣，有的地方會免費提供顧客電子禮券。另外，有的地方購買餐飲時，還會加贈甜點。企業慷慨施予這些福利，難道是專為顧客著想的慈善事業嗎？

他們販售新產品採用折扣價，而非原價，其實這是一種推力策略，目的在於吸引早期採用者（early adapter，比其他人更早購買、試用新產品的人）。企業為了吸引早期採用者，他們會用比想像更強勁的力道、比過去更具影響力的活動來推銷新產品與服務。因此，借新菜色之名，企業想要獲得更多東西，因此企劃各種促銷活動。這些促銷活動中，真正隱藏的祕密是什麼？

大部分的人會迴避不確定的冒險，特別是冒險與用錢相關時更是如此。人們為何會迴避不確定的冒險？因為在人們「有得有失」時，對於失去的東西會賦予更多意涵，更往不好的方面想。也就是說，人們面對損失的反應比對獲益還敏感。用行為經濟學的用語來說，就是「損失迴避心理」。損失迴避心理的代表性實驗有「馬克杯實驗」。

實驗內容是，拿一只馬克杯給人們看，詢問人們願意出價多少來購買這只馬克杯。之後，把馬克杯送給受試者，再問他們若是要把馬克杯賣給其他人，打算賣多少錢。實驗結果顯示，人們擁有馬克杯時，對於馬克杯價值的評估，會比未擁有時還要高。即使是同一物品，人們對於所有物會賦予更高價值的習性，稱之為「稟賦效果」。

再回到實驗，如果用「損失迴避」的立場來解說，人們會認為賣掉馬克杯致使馬克杯消失的「損失」，比獲得馬克杯的「獲利」還重要；人們判斷，損失的價值比獲得的價值高。因此，購買馬克杯的價格，會比購買馬克杯後再出售的價格低。

還有一個實驗是「銅板遊戲實驗」，實驗內容如下：路上攔人給他一萬韓幣，提議玩機率五〇%的銅板遊戲，贏的話，再給對方一萬韓幣；輸的話，就拿走之前給的一萬韓幣。然後，遊戲稍作調整，一開始給二萬韓幣，接著向對方提議：「雖然二萬韓幣是你的，但是若要全部持有，必須和我玩銅板遊戲。你贏的話，就繼續持有二萬韓幣，輸的話，二萬韓幣全數盡失。」

在這兩種狀況下，贏了都同樣有二萬韓幣，但當強調的損失內容更多時（二萬韓幣全數盡失），人們更有參與遊戲的傾向。反之，在第一種情況，有的人拿到一萬韓幣，就心滿意足地離開。人們面對損失，終究比獲益敏感；這意味著，即使在相同情形，有時強調損失會更有行銷效果。這種情形也出現在「時間限制」上：

A：週一有折扣特價。

B：今天不買會後悔。

A與B文句中，刺激你非買不可的文句是A還是B呢？大部分的人想要迴避不買東西會產生的後悔損失，所以選擇消費，也就是說，迴避損失會直接連結到銷售行為。總之，販賣商品時向人們強調損失，可能發揮強大效果。

一〇〇%損失＜五〇%損失

一〇〇%獲益＞五〇%獲益

極力讓不消費的人感到後悔

如果是損失無法避免的情況，你會怎麼做呢？即使會蒙受損失，當然要努力把損失減至最少。例如，如果你吃不到平時常吃的炸醬麵而選擇新餐點時，我們假定兩種可能情形如下：

A：聽說很難吃的炒碼麵

B：眾人好惡評價不一的炒飯

你會選擇哪一個？當然是選好惡評價不一的炒飯。雖然炒飯也可能不好吃，有人因此認為選擇炒碼麵會比較保險，但通常人們寧願選擇味道有待鑑定的炒飯，而非確定難吃的炒碼麵。這是因為人們在有損失的情況下，偏好仍有著一絲希望的選項，勝於已經確定的損失。那麼，在有確定獲益的情形下，又是如何呢？在有確定獲益的情形下，人們更偏好確實的獲益，勝於尚不確定的獲益。

A：獎金二百萬韓幣，中獎機率五〇％。
B：獎金一百萬韓幣，中獎機率一〇〇％。

與先前人們會迴避機率一〇〇％的損失不同，在獲益機率一〇〇％的情形下，即使其他選項獎金多，人們還是偏好機率一〇〇％的情形，理由在於，這是確定的機率「一〇〇％」。這顯示，人們傾向於迴避不確定的獲益、迴避確定的損失。但是，在有不確定獲益的情況下，若有誘因存在，人們仍然可能改變行為。

面對不確定的獲益，需要夠高的誘因

人們喜歡誘因，隨著誘因不同，人們的行為也會不一樣。為了幫助理解，我們以便利商店的便當為例來檢視。

假設你現在有四千韓幣，必須用這筆錢來購買一個便利商店的便當，購買時看到有如下價格相同的物品：

A：我原本喜愛的便當（滿意度一百分）

B：新菜色（滿意度不得而知）

在缺乏誘因的情況下，以一百人為對象進行問卷調查的結果顯示，除去喜好冒險者，一百人中有七十六人選擇A便當。也就是說，價格相同時，人們會偏好自己體驗過且感到滿意的東西，對此的選擇機率也較高。

既然如此，我們來看以下兩個選項，且假設是你無意購買汽水的情況：

A：我原本喜愛的便當＋無誘因（滿意度一百分）

B：新菜色＋二五〇毫升汽水一瓶（滿意度不得而知）

價格相同時，從主觀的效用層面來看，其實選擇A便當比較好。原因如前所述，人們極度迴避不確定獲利的要素，尤其購買便當是一種需要為好壞付出代價的行為。實際上，B便當排除附上的飲料，偏好度還是未知之數，不是嗎？但選擇結果反而是B較高。根據問卷調查，一百人中有六十八人選擇B便當。其中，前一問卷選擇B的人維持選B，但可以看到足足有四十四人原本選A，現在改選B。便當沒有變，既有的條件也一樣，只是多提供誘因而已。不過，為什麼大部分的人會改變原有的選擇呢？這是因為買東西時提供誘因的話，「價格」要素會優先於主觀滿意度。我們列出A和B選項的價格，再度做一比較。

A：我原本喜愛的便當＋無誘因（四千韓幣）

B：新菜色＋二五〇毫升汽水一瓶（四千韓幣＋一千二百韓幣＝五千二百韓幣）

無論購買A或B，都是支付相同金額——四千韓幣，選擇B的時候，感覺得到更多的東西。先前未提供誘因，人們選擇的是曾經吃過的便當，提供誘因之後，誘因變得比自身經驗更重要，人們改而選擇CP值提高的那一方。像這樣把誘因一併納入考量時，人們的意見也變得不同：

A：就吃一樣的好了。

B：推出新菜色耶？不過，付四千韓幣，就可以吃到總價五千二百韓幣的便當！嗯……本來沒有想喝汽水，不知道為什麼，覺得這個選項更划算！這次就買多加誘因的B便當吧。

總而言之，提供誘因的話，選擇的基準會從主觀經驗變成客觀價格。原因在於，提供誘因時，人們會比較既有選項和附加誘因的選項，而且誘因會發揮功能，讓附加誘因的選項看起來賣相更佳。最近講究CP值是潮流趨勢，對於人們來說，誘因是讓自己支出相同金額就能獲得更高CP值的最佳方法。

新款上市的可用誘因

每次餐飲店開發新菜色時，都會建構各式各樣的誘因策略。推出新菜色時，可以附加什麼樣的誘因？在這過程中，企業會誘導顧客做何選擇？以下做一分析。

一、買一送一策略

購買一項商品，贈送一項相同商品。換句話說，購買一項商品的話，提供相同商品為「誘因」，二加一和三加一等方式也通用。消費者看到該產品時，會表現出可以用半價購得產品的欣喜反應，相對上感到滿足而可能購買。就企業的立場而言，新產品的風險高，提供誘因是誘導人們更願意購買的策略。

二、組合策略

以附加方式把新產品和其他產品結合在一起，讓人們覺得比單買一項商品看起來更有利。這是餐飲店（特別是速食店）在推出新產品時常用的方式，也是汽車銷售等附加配備選項的常用策略。

三、折扣策略

與前述的組合策略相反，折扣策略可以用單品價格來販售組合商品，藉由告訴消費者實質的折扣金額，讓消費者認為自己做了相對聰明合理的商品採購。

此外還有各式各樣的策略，不過，通常企業進行置入誘因的促銷活動時，都會從以上三種方法擇一。就企業的立場而言，將新產品結合誘因的做法絕非壞事。新產品的風險比其他產品高，從銷售立場來說，比起無人知曉、賣不出去，把新產品引介上市是更迫切重要的，即便遭受批評也無妨。可以說，企業透過誘因制度有效進行市場調查的同時，讓消費者在價格方面感到滿意，損失感減至最低。

企業不是慈善團體。消費時請謹記，他們提出的促銷活動，不是要給你優惠，而是徹底為了自身利益，誘導消費者在一定時間、一定空間之內消費更多的推力策略。

19 還沒買就讓你成為消費者：預約註冊獲得虛擬寶物

我坐在地鐵站裡，在手機上四處瀏覽的時候，網路廣告視窗突然跳出：「預約註冊時可一〇〇%獲得虛擬寶物！」的訊息。我想這是新推出的遊戲，看起來也滿有趣，便不知不覺地為了預約註冊而輸入手機號碼，取得驗證碼後，按下同意收到廣告資訊。接著鎮定了一下遊戲快上市的激動情緒，再次打開手機做其他事。

「這是款前所未有的遊戲！」這是電玩公司在推出新遊戲時，一定會使用的句子。為了讓更多人預約註冊，而廣告宣稱預約註冊後百分之百可以獲得各式各樣的寶物。不只是電玩，當其他企業推出新商品時，也會利用預約註冊制度。雖然不斷出現這種模式的廣告，甚至多到令人厭煩的程度，但是人們還是會再次按下預約註冊鈕。

事實上，以使用者的立場來看，他們會認為預約註冊等於「不吃白不吃」，因為只要快速輸入手機號碼，再按下同意就結束了。可是，以企業的立場來看，預約註冊可以推測出該商品或服務日後的發展方向，之後在引誘使用者購買時也是必備的指標之一。為了獲得有效的指標，企業會設計人們喜歡的推力來誘惑消費者。那麼，為何我們會預約註冊，並期待著沒檢驗過的東西呢？

根據技術採用生命週期模型（technology adoption life cycle）來看，購買商品的人們普遍分成五個階段，其中商品一上市

預約註冊的本質：獲得初期使用者

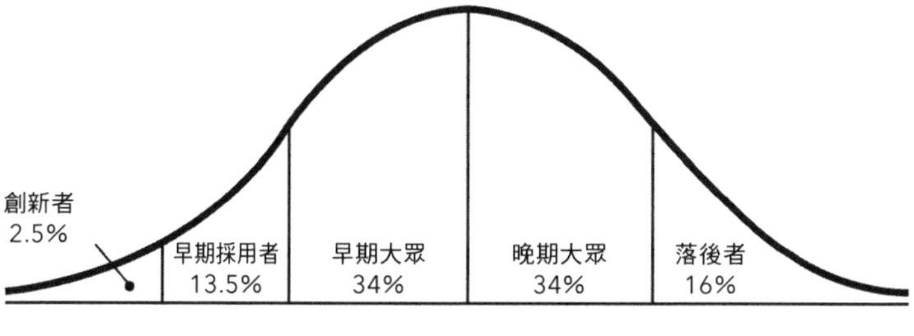

時最重要的是確保二．五％的「創新者」（innovator）和一三．五％的「早期採用者」（early adopter）購買。占了約一六％的創新者與早期採用者在使用剛上市的商品或服務後會留下使用心得、散播「病毒」（viral），而剩下的八四％顧客才是在使用商品或服務後，可以當作基準點的決定性客群。也就是說，這模型可以視為如果初期無法說服消費者的話，那商品絕對無法成功的依據。初期使用者越多、越有好的評價，對商品與服務來說是最棒的效果，也能自動形成病毒行銷。

預約註冊的本質正是為了盡可能獲得更多的初期使用者。實際上，現在的創新者這一客群發揮出比過去要更大的影響力，因為現在是YouTube、Instgram等社群大行其道的時代，他們使用商品或服務後分享使用心得的過程是非常重要的宣傳手段。

舉一個最明顯的例子，那就是電影上映前舉辦的試映會。比起過去，現在看完試映會後顧客留下的評論，會給之後要看電影的人帶來很大的影響。實際上二〇一八年在社群網路上獲得好評的《我只是個計程車司機》創下了最快突破觀影人數一千兩百萬人次的紀錄。反之，一開始就在社群網站上獲得負評的《Real》，損益平衡點（break-even point）只停留在一四・二%，製作公司大約損失約一百億韓幣（約為新台幣兩億七千萬元）。

與手機或網路還未普及的過去相比，現在的創新者在購買商品或服務後留下的使用心得反而更快、更廣地傳遞開來，他們擁有龐大的影響力。而消費者的認知上，會正面接受創新者客群在網路上的各種評論。根據使用心得好評與負評的不同，該商品或服務的銷售也會不同，因此企業會傾聽最先使用商品的使用者回報，並努力改善問題。由此可知，消費的權力構造正漸漸轉移到創新者身上。

創新者客群正發揮比過去更大的影響力，日後也會持續下去。但是，在電玩市場裡，為了吸引初期使用者而宣傳這個遊戲多好玩反而沒有什麼說服力，也無法吸引眾人目光。因為遊戲業相當競爭，題材也相當近似，要跳脫框架相當不容易。電玩市場是要很快推出新商品，但熱潮一過就會被人遺忘的市場，所以要吸引初期使用者，引誘他們留下好評一定要費點心思。遊戲公司在苦惱許久之後，與起花錢在單純地曝光遊戲畫面上，不如提供創新者們在遊戲上獲得「可以稍微搶先其他玩家的獎勵」會更好。

「不吃白不吃」的認知

企業了解人們更喜歡明確的利益之心理特性，所以利用「一〇〇%」支付獎勵的方式，可以輕易吸引到人們預約註冊遊戲。我舉一個可以輕鬆理解的例子，假設你在預約註冊網站上同時看到以下兩個句子：

A：預約時有五〇％機率獲得虛擬寶物
B：所有預約的人皆可獲得虛擬寶物

你預約註冊B遊戲的機率會大於A遊戲，因為B明確標示了使用者會「一〇〇％獲得利益」。由此可知，如果在同樣的情況下必須花上同樣時間的話，人們會喜歡可以給自己帶來明確利益的選項。

創新者實際上是非常忙碌的一群人，要在數不清的新資訊之中東嘗西試，他們可以瞬間成為一款遊戲的粉絲，也可以成瞬間為黑粉。如果要這樣的一群人必須經過複雜的步驟完成預約註冊的話，他們可能不會為了無法確保是否有趣的遊戲而加入。因此，遊戲公司為了給創新者注入「不吃白不吃」的認知，將預約註冊的過程簡化成「輸入手機號碼↓同意個人資料及行銷使用」。因為沒有物質報酬時，複雜的過程可能導致人們對商品或服務產生負面情感，所以遊戲公司盡量簡化了預約註冊的步驟，讓預約註冊的消費者覺得「眨眼間就得到虛擬寶物，我比其他人要搶先一步」並感到滿足。然而，其實那不過是個會贈送所有人禮物的活動而已。

事實上，當你在看到預約註冊時，多半是因為看到獎勵，想到「不吃白不吃」，並按下預約註冊的按鈕，而不是因為評估過遊戲品質。可是，這種情況下，人對這款遊戲的專注力與期待感會比預想的低，即使記得這款遊戲，也很有可能記不住細節，因為人通常只會選擇性記住自己想要的東西。

依照心理學家赫爾曼・艾賓豪斯（Hermann Ebbinghaus）的遺忘曲線（forgetting curve）來看，人一般從記住的瞬間開始後，一週到一個月之內會記不住全部的二〇％左右。如同遺忘曲線證明的一樣，人類的記憶力並不好，如果不是對該款遊戲有很深的興趣且有預約註冊通知的話，人們會馬上忘記自己曾預約註冊的事，所以企業有必要透過簡訊等方式提醒人們曾預約註冊的事實。提醒簡訊能非常有效地讓人再次想起預約註冊和寶物獎勵，接著引誘人們下載遊戲。整體來看，預約註冊可以說是遊戲公司為了遊戲成功而設計的推力策略。

提醒簡訊不只有提醒的功能，當使用者與沒有預約註冊的人比較時，這會讓他們覺得自己在遊戲裡處於更有利的位置，也能讓他們成為遊戲的真正玩家。也就是人們收到提醒簡訊時，不會只單純下載遊戲，而是在收到自己早已忘了的獎勵時可以感到快樂，大大增加了人們更愛該款遊戲的機率。再加上遊戲實際品質很好的話，人們會主動留下遊戲的好評，而沒有預約註冊的人在看了好評後會下載遊戲玩，接連發生正面效應。

遊戲公司光是利用贈送獎勵與提醒簡訊這兩項，就能成功吸引固定的使用者，因為報酬明確、獲得的方法也非常簡易，所以絕對不會有人拒絕。現在這方法在電玩界不是什麼創新的方法，而是成了必須做的行銷手法之一。結合損失趨避的心理與再次吸引視線的策略引誘人們下載遊戲，是一個藉此提高附加收入的推力策略。

然而最重要的是，即使我們沒有預約註冊，也不會有很大的損失。再說一次，如果我們沒有預約註冊的話，也不會馬上發生損失，因為錯過那個遊戲可能根本無關痛癢，反而有可能是我們暫時被少量的獎勵、任何人都能收到的獎勵而蒙蔽了雙眼，所以下載了自己根本不需要的遊戲呢？如果說這一切是受到精密的選擇設計而做出的行動，那麼我們有必要再重新思考預約註冊這個制度。

20 會員制的大進化：讓你用不到也用不完的點數

會員資格（membership）是持有人屬於特定團體一員的證明，我們通常認為這單字是指一個人隸屬於特定公司的會員時，可享受其提供的優惠。會員制是能確認人們隸屬團體內的身分、地位，或是讓他們感到驕傲、擁有歸屬感的一種方法。進入現代社會以後，會員制變得更加系統化，並巧妙地當作推力來引誘消費者做出特定消費行為。

會員制的進化：利用歸屬感引誘人消費特定商品

會員資格與「鼓吹歸屬感」有很深的關聯。業者提供持續使用服務的顧客獎勵時，顧客會對服務或商品、品牌產生歸屬感，也會讓他們繼續使用同樣的服務。假設你經常在A商店裡買東西，如果有一天當你在A商店買東西時，他們會送贈品或達到一定消費金額就贈送優惠券、點數的話，將大大增加了你日後繼續在A店消費的可能性。如果價格一樣的話，我們會繼續使用原本使用的東西，這就是利用現狀偏差的心理推力。

會員服務的興盛是在人們開始大量使用信用卡的二〇〇〇年代初期和中期。提供服務的初期，競爭公司間為了吸引更多的顧客，而展開了會員制策略。如果在網路上搜尋知名會員制的名稱的話，會出現「〇〇會員解約方法」的相關搜尋詞，這是因為不少人當初加入時沒有仔細閱讀會員條款，只想著有優惠就加入，或是在強烈的勸誘下被半強迫地加入，清醒後想要解約。早期制度建立得不夠確實，隨時都有很多會員權益的變動，所以顧客們也經歷過一段辛苦期。但是，隨著智慧型手機的出現、金融科技（fintech）的進步，現在已能整合各企業提供的服務，把多元的點數、積分或回饋連結在一起。可見會員制度已發展得更加多元了。

各家企業的合作下，會員制也成為了引誘消費者購買特定商品的角色。因為會員制有提供特別優惠的話，會提高持有會員證的顧客們購買商品的可能性。比如A電信業者提供「持會員點數可購買S咖啡」時，持有會員證的顧客們買S咖啡的機率會高於買其他咖啡。

這裡最重要的是人們必須「使用」會員點數，才能確實展現出會員點數存在的合理性。那麼，實施會員制的企業為了讓顧客使用會員點數，而設計了什麼推力呢？

等級制：只要是人，就想往高處爬

會員制度裡有一個「等級制」，也就是按照消費者購買的次數或金額畫分會員等級。既然如此，等級制在消費上又有什麼意義呢？答案很簡單，這能促使顧客為了得到優惠，而盡量達到特定金額或特定的購買次數。

會員制度並非相對制度，不是說有人買得比我多，我的排名或等級就會往下滑。如果加入會員的顧客有十萬人的話，可能這十萬人大部分都是VIP，也可能沒有人是VIP。但是，企業按照購買次數畫分等級的話，人們會想獲得更多的獎勵與優惠，想往更高等級爬的欲望也會轉化成消費行為。結果，等級制只是利用人想得到更佳利益、更高位置的本能欲望的一種行銷策略。企業為了更加刺激人的本能，而將高等會員的顏色設計成金色，或是設計成鑽石之類象徵富裕的圖案，並且使用VIP或金牌等高級單字來吸引人。

一次發放大量點數的原因

擁有會員證的會員們表示企業提供的會員點數裡，其中的五九·

四％其實不會使用到。究竟企業為什麼要發放一大堆我們不會用到的點數呢？這是為了利用越是免費贈送更多的優惠（或點數），人們越是想要使用的心理。人往往認為「免費」拿到的優惠等於「獎勵」，所以想盡可能地消費，而優惠金額越大，「省著點花」的想法越會消失，也更促進了消費。假設有兩種人拿到了優惠券：

A：拿到一萬韓幣（約為新台幣二百七十元）優惠券的人

B：拿到十萬韓幣（約為新台幣二千七百元）優惠券的人

假設A與B要買價值十二萬韓幣（約為新台幣三千二百四十元）的包包，兩人之中誰買包包的機率最高呢？沒什麼好問的，就是B。B在拿到優惠券的瞬間會想到「只要付兩萬韓幣就好了呢」，他會毫不猶豫地買下價值十二萬韓幣的商品。反之，A自己必須負擔的金額比拿到的優惠券金額多出許多，所以他可能不會買包包。為了利用人類這樣的心理，企業會提供消費者比實際消費次數要更多的點數。

以限定時間方式來賦予稀少性

會員點數最大的特徵之一是設有「使用期限」，為什麼要設有使用期限呢？限定時間是根據「稀少性原理」，人類的欲望無限，卻沒有足夠的時間與金錢來滿足，因此透過強調人無法解決欲望這點來引誘消費。例如這裡有兩張優惠券，假設現在有人選擇了其中一張，那個人可能選擇哪一張呢？

A：一萬韓幣（約為新台幣二百七十元）優惠券：無限期使用

B：一萬韓幣（約為新台幣二百七十元）優惠券：今日到期

當我們必須從兩張之中選擇一張消費時，大部分的人會選擇B。即使優惠金額一樣，但是人們選擇B的原因是「今日到期」，也就是因為有時間限制。B的優惠券價值會在隔天消失，所以人們想要先使用。還有，一想到自己拿到的紙鈔價值明天會消失的話，人們會想要快點使用且得到效果，也就是利用這個心理特性促使他們馬上消費。因此，會員點數設有使用期限的最大原因就在於此，不是讓你隨時隨地使用，而是為了引誘你在特定時間內使用。

會員點數具有像這樣利用人類各種心理，誘惑他們使用點數的特性。企業給予顧客會員點數的原因裡，一方面是為了讓加入會員的人可以便宜點買到東西，但是更主要是為了減輕顧客消費時的壓力，吸引他們購買更多商品，發揮消費催化劑的功能。

如果你在某賣場免費拿到了四千五百韓幣（約為新台幣一百二十

元）價值的商品，你還是有可能只拿了那件商品就走人，但是你有很高的機率會再購買其他商品。這裡有兩個原因，因為人先天有兩種心理特性，「反正都來了，就買點東西再走」的心理，以及「反正我已經省了些錢，把原本的錢投資在其他地方也沒關係」的心理。結果，透過獎勵又引誘人做出其他消費行為，這就是會員點數追求的終極目的。

請你一定要記住，企業不會如此善良地無條件給我們優惠。如果我們利用會員制而享受了各式各樣的優惠的話，的確可以有效地消費。但是，如果你能領悟到這優惠本質上的精神為何的話，你就能更加理性地消費了。

新商業周刊叢書　BW0720

推力行銷

從超商到電影院都適用，靠行為經濟學讓人做出你要的選擇！

國家圖書館出版品預行編目(CIP)數據

推力行銷：從超商到電影院都適用,靠行為經濟學讓人做出你要的選擇！/ 高錫均著；宋佩芬，賴姵瑜譯．-- 初版．-- 臺北市：商周出版：家庭傳媒城邦分公司發行，民108.09
面；　公分．--(新商業周刊叢書；BW0720)
ISBN 978-986-477-704-4(平裝)

1.行銷策略 2.消費心理學

496.5　　108012019

原文書名／편의점에 간 멍청한 경제학자: 행동경제학으로 바라본 비합리적 선택의 비밀
作　　者／高錫均(고석균)
譯　　者／宋佩芬、賴姵瑜
企劃選書／黃鈺雯
責任編輯／黃鈺雯
版　　權／黃淑敏、翁靜如
行銷業務／莊英傑、周佑潔、黃崇華、王瑜

總 編 輯／陳美靜
總 經 理／彭之琬
事業群總經理／黃淑貞
發 行 人／何飛鵬
法律顧問／台英國際商務法律事務所
出　　版／商周出版　臺北市中山區民生東路二段141號9樓
電話：(02)2500-7008　傳真：(02)2500-7759
E-mail：bwp.service@cite.com.tw
發　　行／英屬蓋曼群島商家庭傳媒股份有限公司　城邦分公司
台北市104民生東路二段141號2樓
電話：(02)2500-0888　傳真：(02)2500-1938
讀者服務專線：0800-020-299　24小時傳真服務：(02)2517-0999
讀者服務信箱：service@readingclub.com.tw
劃撥帳號：19833503
戶名：英屬蓋曼群島商家庭傳媒股份有限公司城邦分公司
香港發行所／城邦(香港)出版集團有限公司
香港灣仔駱克道193號東超商業中心1樓
電話：(825)2508-6231　傳真：(852)2578-9337
E-mail：hkcite@biznetvigator.com
馬新發行所／城邦(馬新)出版集團
Cite (M) Sdn Bhd
41, Jalan Radin Anum, Bandar Baru Sri Petaling,
57000 Kuala Lumpur, Malaysia.
電話：(603)9057-8822　傳真：(603)9057-6622　email: cite@cite.com.my

封面設計／江孟達　內文設計暨排版／無私設計・洪偉傑　印　刷／韋懋實業有限公司
經 銷 商／聯合發行股份有限公司　電話：(02)2917-8022　傳真：(02) 2911-0053
地址：新北市231新店區寶橋路235巷6弄6號2樓

ISBN／978-986-477-704-4

定價／320元

城邦讀書花園
www.cite.com.tw

2019年(民108)9月初版

廣 告 回 函
北區郵政管理登記證
台北廣字第000791號
郵資已付，免貼郵票

104台北市民生東路二段 141 號 2 樓

英屬蓋曼群島商家庭傳媒股份有限公司　城邦分公司

請沿虛線對摺，謝謝！

書號： BW0720　**書名：** 推力行銷　**編碼：**

請於此處用膠水黏貼

商周出版

讀者回函卡

感謝您購買我們出版的書籍！請費心填寫此回函卡，我們將不定期寄上城邦集團最新的出版訊息。

不定期好禮相贈！
立即加入：商周出版
Facebook 粉絲團

姓名：＿＿＿＿＿＿＿＿＿＿＿＿＿＿＿＿ 性別：□男 □女

生日：西元＿＿＿＿＿＿年＿＿＿＿＿＿月＿＿＿＿＿＿日

地址：＿＿＿＿＿＿＿＿＿＿＿＿＿＿＿＿＿＿＿＿

聯絡電話：＿＿＿＿＿＿＿＿＿＿ 傳真：＿＿＿＿＿＿＿＿＿

E-mail ：

學歷：□ 1. 小學 □ 2. 國中 □ 3. 高中 □ 4. 大學 □ 5. 研究所以上

職業：□ 1. 學生 □ 2. 軍公教 □ 3. 服務 □ 4. 金融 □ 5. 製造 □ 6. 資訊

□ 7. 傳播 □ 8. 自由業 □ 9. 農漁牧 □ 10. 家管 □ 11. 退休

□ 12. 其他＿＿＿＿＿＿＿＿＿＿＿＿＿＿

您從何種方式得知本書消息？

□ 1. 書店 □ 2. 網路 □ 3. 報紙 □ 4. 雜誌 □ 5. 廣播 □ 6. 電視

□ 7. 親友推薦 □ 8. 其他＿＿＿＿＿＿＿＿＿＿

您通常以何種方式購書？

□ 1. 書店 □ 2. 網路 □ 3. 傳真訂購 □ 4. 郵局劃撥 □ 5. 其他＿＿＿＿

您喜歡閱讀那些類別的書籍？

□ 1. 財經商業 □ 2. 自然科學 □ 3. 歷史 □ 4. 法律 □ 5. 文學

□ 6. 休閒旅遊 □ 7. 小說 □ 8. 人物傳記 □ 9. 生活、勵志 □ 10. 其他

對我們的建議：＿＿＿＿＿＿＿＿＿＿＿＿＿＿＿＿＿＿

＿＿＿＿＿＿＿＿＿＿＿＿＿＿＿＿＿＿＿＿＿＿＿＿

＿＿＿＿＿＿＿＿＿＿＿＿＿＿＿＿＿＿＿＿＿＿＿＿

請於此處用膠水黏貼